哈洛新知
Hello Knowledge

知识就是力量

牛 津 科 普 系 列

物联网

[美]斯科特·J.沙克尔福德/著

熊盛武/译

华中科技大学出版社
http://press.hust.edu.cn
中国·武汉

湖北省版权局著作权合同登记　图字：17-2023-057 号

图书在版编目（CIP）数据

物联网 /（美）斯科特·J. 沙克尔福德（Scott J. Shackelford）著；熊盛武译 . —武汉：华中科技大学出版社，2023. 8
（牛津科普系列）
ISBN 978-7-5680-9830-4

Ⅰ . ①物… Ⅱ . ①斯… ②熊… Ⅲ . ①物联网 Ⅳ . ① TP393.4 ② TP18

中国国家版本馆 CIP 数据核字（2023）第 140978 号

物联网　　　　　　　　　　　　　　　　　［美］斯科特·J. 沙克尔福德　著
Wulianwang　　　　　　　　　　　　　　　　　　　　　　　　　熊盛武　译

策划编辑：杨玉斌
责任编辑：张瑞芳　杨玉斌　　　　　　　　装帧设计：陈　露
责任校对：谢　源　　　　　　　　　　　　责任监印：朱　玢

出版发行：华中科技大学出版社（中国·武汉）　　电话：（027）81321913
　　　　　武汉市东湖新技术开发区华工科技园　　邮编：430223

录　　排：华中科技大学惠友文印中心
印　　刷：湖北金港彩印有限公司
开　　本：880 mm×1230 mm　1/32
印　　张：7
字　　数：121 千字
版　　次：2023 年 8 月第 1 版第 1 次印刷
定　　价：78.00 元

总序

　　欲厦之高，必牢其基础。一个国家，如果全民科学素质不高，不可能成为一个科技强国。提高我国全民科学素质，是实现中华民族伟大复兴的中国梦的客观需要。长期以来，我一直倡导培养年轻人的科学人文精神，就是提倡既要注重年轻人正确的价值观和思想的塑造，又要培养年轻人对自然的探索精神，使他们成为既懂人文、富于人文精神，又懂科技、具有科技能力和科学精神的人，从而做到"物格而后知至，知至而后意诚，意诚而后心正，心正而后身修，身修而后家齐，家齐而后国治，国治而后天下平"。

　　科学普及是提高全民科学素质的一个重要方式。习近平总书记提出："科技创新、科学普及是实现创新发展的两翼，要把科学普及放在与科技创新同等重要的位置。"这一讲话历史性地将科学普及提高到了国家科技强国战略的高度,充分地显示了科普工作的重要地位和意义。华中科技大学出版社组织翻译出版"牛津科普系列",引进国外优秀的科普作品,这是一件非常有意义的工作。所以,当他们邀请我为这套书作序时,我欣然同意。

人类社会目前正面临许多的困难和危机,这其中许多问题和危机的解决,有赖于人类的共同努力,尤其是科学技术的发展。而科学技术的发展不仅仅是科研人员的事情,也与公众密切相关。大量的事实表明,如果公众对科学探索、技术创新了解不深入,甚至有误解,最终会影响科学自身的发展。科普是连接科学和公众的桥梁。"牛津科普系列"着眼于全球现实问题,多方位、多角度地聚焦全人类的生存与发展,探讨现代社会公众普遍关注的社会公共议题、前沿问题、切身问题,选题新颖,时代感强,内容先进,相信读者一定会喜欢。

科普是一种创造性的活动,也是一门艺术。科技发展日新月异,科技名词不断涌现,新一轮科技革命和产业变革方兴未艾,如何用通俗易懂的语言、生动形象的比喻,引人入胜地向公众讲述枯燥抽象的原理和专业深奥的知识，从而激发读者对科学的兴趣和探索，理解科技知识，掌握科学方法，领会科学思想，培养科学精神，需要创造性的思维、艺术性的表达。"牛津科普系列"主要采用"一问一答"的编写方式，分专题先介绍有关的基本概念、基本知识，然后解答公众所关心的问题，内容通俗易懂、简明扼要。正所谓"善学者必善问"，"一问一答"可以较好地触动读者的好奇心，引起他们求知的兴趣，产生共鸣，我以为这套书很好地抓住了科普的本质，令人称道。

王国维曾就诗词创作写道："诗人对宇宙人生，须入乎其内，又须出乎其外。入乎其内，故能写之。出乎其外，故能观之。入乎其内，故有生气。出乎其外，故有高致。"科普的创作也是如此。科学分工越来越细，必定"隔行如隔山"，要将深奥的专业知识转化为通俗易懂的内容，专家最有资格，而且能保证作品的质量。"牛津科普系列"的作者都是该领域的一流专家，包括诺贝尔奖获得者、一些发达国家的国家科学院院士等，译者也都是我国各领域的专家、大学教授，这套书可谓是名副其实的"大家小书"。这也从另一个方面反映出出版社的编辑们对"牛津科普系列"进行了尽心组织、精心策划、匠心打造。

　　我期待这套书能够成为科普图书百花园中一道亮丽的风景线。

　　是为序。

杨叔子

（总序作者系中国科学院院士、华中科技大学原校长）

前言

我们中的大多数人似乎早已习惯了当今现代化的生活(有些人可能会认为生活本就如此美好),以至于经常会忽略包围在自己周围的大量现代化设备。这些设备运行在各种互联互通平台上,它们一直在记录我们的身体健康状况、声音和我们的偏好等信息。抬头看看你的周围,除了你的台式电脑、平板电脑或智能手机,你看到的"东西"中,有多少可能直接或间接地与互联网相连?你是不是正戴着 Fitbit(运动手环)、苹果手表,或者正在使用 AirPods(苹果公司推出的无线蓝牙耳机)?你会使用 Alexa(亚马逊开发的智能语音助手)吗?那么可联网的冰箱、烤箱或智能洗衣设备呢?离你最近的连接了 Wi-Fi(无线局域网)的门铃、灯泡、打印机或尿布有多远?你家里的供暖、空调和安全系统运行得怎么样?你知道这些设备正忙着记录哪些数据,或者平台是如何使用或保护这些数据的吗？那么设备本身呢？你相信它们能始终如一地安全运行吗？这其中又有什么关系呢？

围绕物联网(internet of things, IoT),我们可以展开很多诸如此类的讨论。简单地说,物联网的概念是,我们所处的现实世界中几乎所有的东西——从运动短裤到街灯、婴儿监视器、电梯,甚至我们自己的身体——都将是相互连接的。万物互联(internet of everything, IoE)——美国思科(Cisco)公司创立的术语——将这一概念向前推进了一步,它不仅涉及智能设备和服务的物理基础设施,还涉及这些智能设备和服务对人、企业和社会的影响。因此,万物互联可以被理解为"人、程序、数据和事物的智能连接",而物联网的概念往往更局限于"通过互联网访问的物理对象网络"。换句话说,物联网关注的是遍布我们的家庭和工作场所的智能设备,而万物互联不仅涉及这些设备,还涉及它们对商业、文化和社会的影响。万物互联模糊了现实世界和网络空间(又称赛博空间或信息空间)之间的界限,创造了一个充满新的机遇和挑战的超级互联的世界。

正如技术先驱凯文·阿什顿(Kevin Ashton)所言:"物联

网真正的意义在于它是一种能够收集关于自身信息的信息技术。通常物联网使用这些信息的目的不在于告知人类这些相关信息,而在于帮助人类去做一些事情。"智能设备在整个社会和我们的生活中扮演的角色越来越重要,当我们考虑智能设备对我们的安全、隐私和综合治理等方面的影响时,充分认识到这一点至关重要。不过,应该指出的是,对于这一概念人类还有其他不同的说法。有些人称之为"互联网十",而其他一些人,比如谷歌前首席执行官埃里克·施密特(Eric Schmidt)认为,鉴于智能设备的日益普及,互联网本身在未来可能会消失。但考虑到围绕5G(第五代移动通信技术)推出的争论加剧了美国各党派对数字鸿沟扩大的担忧,互联网消失也就不是必然会发生的了。

物联网设备和服务的兴起以及智能化程度的提高,如自动驾驶汽车智能化程度的提高,可能会改变我们的时间安排方式,改变企业和社会的运作方式,这种情况在大规模部署物联网项目时尤为突出。如今,全世界有数十亿台联网设备在使用中,其数量超过了地球上的人口数量,并且相关数量一直在动态变化中,预计未来几年还会有数十亿台联网设备将被投入使用。简而言之,与互联网相关的各种现代化设备的数量将呈现令人难以置信的爆炸式增长趋势。相关应用程序的开发似乎也是永无止境的,这将覆盖到众多消费品行业,以及其他行业。工业物联网(industrial internet of things,IIoT,有时也被称为"物联网工厂"或"智能工厂浪潮"),只是体现"嵌入式信息领域"发展趋势的一个方面,它涉及物联网技术在制造业中的应用。物联网的发展也将对财务产生重大影响。例如,据麦肯锡咨询公司(McKinsey & Company)估计,到 2025 年,物联网带来的经济影响将达到约 6.2 万亿美元。

万物互联之所以呈现出这样一种思维转变,部分原因是当前有大量的数据被生成、存储和处理。美国联邦贸易委员会(Federal Trade Commission,FTC)前主席伊迪丝·拉米雷斯(Edith Ramirez)表示:"我们现在所处的世界一直在收集数据……我们把这些收集数据的设备带到了我们的家里,带到了过去属于私人领域的地方,同时这些设备产生的数据也变得越来越敏感。在我看来,需要引起重视的一点是,消费者应该继续掌握主动权,他们应该对自己的信息及其使用方式有发言权。"

我们正在大数据的海洋中遨游,这个数据海洋正在迅速变宽、变深。如果你还是不能体会这一数据海洋的波澜壮阔,那就想想我们的智能手机吧。虽然智能手机本身通常不被视为物联网设备,但它通常是物联网生态系统的关键组成部分,因为它允许用户通过应用程序与物联网设备进行交互或对物联网设备实施控制。截至 2018 年,超过 75％的美国人拥有智能手机,50％的美国家庭拥有平板电脑,20％的美国家庭拥有智能音箱。智能手机装有传感器,可以收集各种数据,例如你的位置(有研究表明,有的智能手机每 3 分钟就会自动更新你的位置信息),你所处环境的气压、温度,你手持手机的方式,你所处位置的光线明亮度,你是否在说话以及说话的声音有多大,你是否在移动等各种数据。预装或第三方搜索、社交媒体、医疗保健和其他一些类型的应用程序也可能跟踪和存储大量数据,包括通过脸书(Facebook)等平台分享的个人数据。

同样,物联网设备通常也都安装了传感器,它们不仅可以持续收集数据信息,而且还会对数据做出反应,比如让智能语音助手在就餐前进行某种仪式性活动。通过应用智能技术,这些数据甚至可以帮助某个设备对你想要的结果做出响应。例如,想象一下,如果你可以用一个应用程序连接上你的带有蓝牙功能的球鞋,然后在篮球比赛中,这个应用程序不仅可以收集和处理关于你的脚是否肿胀以及肿胀程度的数据,而且还会自动调整球鞋的松紧度,这将会怎么样? 虽然收集和使用数据是设备预期功能的直观体现，但物联网设备和服务的功能可能超出你的预期。例如，智能音箱可能不仅会收集和存储通过语音交互共享的数据，而且在与其他智能家居传感器连接的范围内，还可以收集和存储有关灯何时打开或关闭、电视设置了什么频道或前门门锁何时开启等信息。毫无疑问，这类信息不仅会引起市场营销人员的兴趣，也会引起犯罪分子的兴趣，甚至还可能导致大量的家庭争端和纠纷。

这些与智能消费设备崛起相关的统计数据和例子只是物联网故事的一部分。除了可以帮助你省去重新系鞋带这样的麻烦之外，当设备、具有特定功能的软件和数据以有趣的新方式组合在一起时，它们还能做什么？以弗吉尼亚理工大学的古德温大厅（Goodwin Hall）为例，它配备了数百个传感器，这些传感器每天收集的数据超过 12 GB，它们甚至能够基于步态识别人们的身份。换句话说，现在智能地板和墙壁可以根据人们走路的方式识别人们的身份。即使在地面之下，我们的世界也在悄然演变，例如，美国印第安纳州的南本德市（South Bend）现在拥有世界上最智能的下水道系统之一。从最深处的海洋到最远的太空边界，这些沉浸在数据海洋中的智能设备和服务系统将改变我们的生活，乃至整个世界。

除了发展趋势不断扩大的万物互联带来的新功能和新机遇之外，我们还应该问问自己，我们将面临哪些挑战。换句话说，就像苏格拉底(Socrates)在受审时的名言："未经审视的人生不值得度过。"2016年10月，一个由小型的、廉价的联网设备组成的巨大网络(该网络被称为 Mirai 僵尸网络)发动了分布式拒绝服务(distributed denial of service，DDoS)攻击，导致美国一家名为 Dyn 的科技公司运营的互联网服务器瘫痪。这本身可能不是什么大问题，但后果却非常严重。因为 Dyn 公司管理并运营着互联网基础设施的重要部分，所以在遭受攻击期间，美国东部大部分地区的许多重要互联网服务的访问速度都减慢，甚至完全停止了。Mirai 僵尸网络之所以具有如此强大的破坏力，而且引起了广泛关注，是因为它利用了摄像头和家庭路由器等联网设备的安全漏洞。起初，一些人认为这次攻击是出于政治目的，但调查人员发现，事实上，Mirai 僵尸网络的背后并不是某个神秘的犯罪集团或某个国家在操纵，让人意想不到的是，罪魁祸首竟然是三名在校大学生，而他们只是试图在电脑游戏《我的世界》中获得优势。"他们没有意识到他们释放出的力量，"美国联邦调查局(Federal Bureau of Investi-gation，FBI)特工比尔·沃尔顿(Bill Walton)说，"这就像是曼哈顿计划(Manhattan Project)。"

在物联网以及更广泛的相关背景下,网络攻击的成本和复杂性不断增加,有些网络攻击对经济发展和国家安全都有影响。物联网可能会被某些人用来发送垃圾邮件、窃听孩子谈话和发动 DDoS 攻击等。2017 年的一项研究发现,在美国,过去两年里,有近一半的物联网安全买家都曾遭遇过网络入侵。此外,据报道,这些网络入侵对各大公司财务的影响十分显著——对小公司来说,网络入侵带来的财务损失占其总收入的13.4%;对大公司来说,这一损失高达数亿美元。不够完善的物联网技术也会增加动态攻击的风险,造成更严重的潜在后果。正如布鲁斯·施奈尔(Bruce Schneier)所说:"对于智能家居设备,网络攻击可能意味着财产损失……但对于汽车、飞机和医疗设备来说,网络攻击则可能意味着死亡。"当然,智能烤箱如果被攻击,也可能会造成灾难性的后果。

2014 年曾发生一起严重的网络攻击事件,这是第二起经证实网络攻击可造成物理破坏的案例,其目标不是伊朗的核计划,而是德国的一家钢铁厂。具体来说,一个高炉遭到了破坏,造成了巨大的损失。网络攻击者是通过该厂的业务网络进入的,这突显出,即使安装了防火墙,互联系统也可能存在安全隐患。物联网设备可能直接成为攻击目标，也可能成为进入某一网络的入口。有报道称，曾发生过与德国钢铁厂类似的事件，比如一家石化工厂因智能咖啡机而受到攻击，美国拉斯维加斯的一家赌场因智能水族箱而遭到黑客攻击，这些网络攻击造成的损失累计从 2750 亿美元到 22.5 万亿美元不等。因此，美国政府经常警告说，现在网络攻击的破坏性大大超过了物理攻击的危害。

网络安全和数据保护是否会随着物联网设备的发展而不断升级，或者人们对降低物联网设备成本的需求、日益增加的复杂性或其他挑战是否会阻碍网络安全和数据保护的发展并加剧人们的不安全感，这仍然是一个开放性问题。我们所知道的是，就像"网络空间"和"物联网"一样，"网络安全"这个只存在于几十年前的科幻小说中的术语，如今已经迅速成为 21 世纪人类生活关注的重点。有报道显示，在美国白宫、华尔街各大公司董事会以及世界上许多城市的主要街道上，降低网络风险已成为人们经常谈论的话题。尽管人们越来越关注如何保护智能设备，但在如何更广泛地加强网络安全以及如何更好地保护跨网络和边界的隐私方面，仍存在不确定性。此外，管理物联网的发展会影响到各方面不同的利益，比如国家安全和国际安全、企业的竞争力、全球可持续发展,以及信息时代的公民权利等。

然而,尽管物联网和更广泛且多领域交叉的网络安全和隐私等话题已经得到了媒体的广泛报道,但公众对这类话题仍然不够了解或不够重视。例如,2014年的一项调查发现,约87%的受访者表示从未听说过"物联网"一词。近年来,相关数据肯定已经发生了变化,但不一定是变好了。2017年,美国优利系统(Unisys)公司做的一项用户调查显示,大多数美国消费者支持在某些特定情况下通过智能设备共享个人数据。在2018年的全球调查中,优利系统记录了人们对其提议的案例的支持水平略有升高的情况,比如"行李中的传感器与机场行李管理系统的传感器通信"。在调查用户不希望某些组织访问其数据的原因时,尽管具体情况会有一些差异,但大多数用户提到了如下理由:他们认为允许某些组织拥有其数据缺乏令人信服的理由,或者他们对数据安全有所担忧,以及对某些组织拥有其数据会产生不适,等等。尽管如此,在2019年开展的一项针对2045户美国家庭的调查中发现,69%的家庭表示已拥有家庭物联网设备,其中56%的家庭表示非常享受物联网技术带来的便利。2019年发布的另一项全球调查发现,63%的人觉得联网设备"令人毛骨悚然",更多的人不信任数据共享的方式。在2018年黑帽(Black Hat)网络安全会议期间,93%的受访者认为物联网未来不一定是更智能的东西,而可能是更危险的东西,因为他们预测,一些国家或组织可能会将联网设备作为攻击目标或利用联网设备来开展非法活动。

本书的目标不在于让读者了解他们想知道但无从提问的关于物联网的所有知识,而在于帮助读者解开一些涉及安全、隐私、道德和政策层面的挑战与机遇并存的问题。值得注意的是,本书延续了"牛津科普系列"的整体写作风格,书中提供了大量真实案例,并且用通俗易懂的方式探讨了物联网和万物互联是如何影响我们的生活、公司组织和国家的发展的,以及在21世纪它们是如何重新塑造国际社会的。物联网传感器越来越普及有哪些好处?我的智能音箱看起来似乎是关闭的,它是否一直在偷听我说话呢?我的手机如果能帮我打开前门、发动汽车、控制恒温器,这会有什么隐患吗?真的有设备能控制我的智能汽车吗?除美国外,其他国家是如何保护用户隐私的呢?本书不仅回答了以上问题和其他相关问题,同时还就如何建立一个安全的、保护隐私的、创新的、可持续的万物互联世界提出了新奇而实用的想法。

本书会覆盖很多领域的知识,涵盖了从物联网的实用性 (如理解消费者报告数字标准的效用)到解决大问题(如网络和 平的意义和前景)等主题。

第 1 章就有关网络安全和互联网治理的重大问题为大众 读者提供了一份有用的指南,比如回答了以下问题:什么是"网 络空间"? 网络空间是如何扩张和发展的? 今天影响网络空间 的一些主要政策问题是什么?

第 2 章在研究物联网的众多应用之前,首先对物联网概念 的发展过程进行了调查。我们讨论的问题将从新发明带来的 影响开始,一直到关于"身联网"(internet of bodies,IoB)的诸 多知识。

第 3 章重点分析为什么智能灯泡没有带来更好的安全性, 其中存在哪些风险,以及从不同行业推出和支持一系列智能设 备的努力和经验中,我们可以吸取什么教训。

第 4 章回顾了隐私权的发展和意义,以及从摄像头到谷歌 的智能音箱等新技术,是如何迫使我们重新评估我们对私人和 公共领域的先入之见的。

第 5 章深入探讨了物联网技术的安全和隐私管理问题,包括对美国政府在州和联邦层面所做努力的总结。我们还分析了各种网络安全和隐私框架,包括来自美国国家标准与技术研究院(National Institute of Standards and Technology, NIST)的框架,并将视野扩大到其他网络强国(包括欧盟成员国),以了解它们是如何应对这些同样的挑战的。

第 6 章从其他行业中寻找经验教训,并将其应用于万物互联中。例如,我们会思考并回答公地悲剧①如何适用于网络空间。如果我们采用一种基于生态系统的方法来实现网络安全,那会是什么样子呢?

第 7 章探讨了一些潜在的解决方案,包括区块链和人工智能等新技术,并设想修订一系列政策,包括设立网络和平队或国家网络安全委员会,甚至设立网络空间刑事法庭等。

最后,我们可以断定地说,没有任何一本单独的书能够公正地描述物联网中充满的无数机遇和风险。但我们希望,读完本书,你会觉得我们至少客观地剖析了物联网技术,并揭示了

---

① 公地悲剧,经济学概念,表示由缺乏产权保护造成的对某些公共资源(如空气、渔业资源和公路等)过度使用的后果。——译者注

物联网治理这一前沿领域中人们需要了解的一些概念和问题。我们应该看到,世间是没有什么灵丹妙药的,必要的政策或技术变革不会在一夜之间颁布或发生,即使是"区块链"也有它的局限性。应对巨大挑战,如应对技术变革的挑战,包括在线上线下应对社会的挑战等,需要人们持续不断的努力。但就像可敬的马丁·路德·金(Martin Luther King,Jr.)博士在谈到美国民权运动时说的那样:"如果你不能飞,那就跑;如果你不能跑,那就走;如果你不能走,那就爬。无论如何,你都要勇往直前。"本着这种精神,让我们开始对物联网的学习吧!

致谢

如果没有众多学者、专业人员、政策制定者和研究助理的帮助和支持,本书是不可能完成的。首先,我要感谢阿曼达·克雷格(Amanda Craig),她独到的见解和宝贵的贡献极大地完善了本书的内容,在本书的起草、修订和完善过程中,她提出了很多很好的想法,我深表感激。感谢李·奥尔斯顿(Lee Alston)等教授对书稿提出了很好的意见和建议。

非常感谢我的研究生团队,他们极富才华,在研究和引文检查方面给予了宝贵支持。另外,我还要感谢凯利商学院(Kelley School of Business)的教职员工,特别是商法与伦理学系的同事,感谢他们对这个项目的大力支持和热情参与;感谢奥斯特罗姆研讨会(Ostrom Workshop)的教职员工和出色的工作人员,包括帕蒂·莱佐特(Patty Lezotte)。

此外,我要感谢安杰拉·切纳普科(Angela Chnapko)和牛津大学出版社的工作人员给我这个机会,感谢他们在出版本书(英文版)的每一个阶段所表现出的非凡的专业精神、耐心和奉献精神。

最重要的是,我对我出色的妻子——埃米莉(Emily)感激不尽!

目录

1　什么是网络？

物联网属于网络空间和物理空间的交叉领域,尽管网络空间和物理空间之间的界限越来越模糊。正如麻省理工学院媒体实验室创始人尼古拉斯·尼葛洛庞帝(Nicholas Negroponte)所言:"这只是一个开始,一个认识到网络空间没有极限、没有边界的开始。"但是cyber(网络空间的英文单词cyberspace的前缀)是什么意思呢?它又是如何成为21世纪如此重要的英文单词前缀的呢?由cyber组成的术语和包含information(信息)、digital(数字的)等词的术语,它们是否有所区别?作为一种重要的、不断发展的技术,或者一个概念,cyber正越来越多地受到人们的关注。理解cyber的语境——特别是对网络空间本身有一个清晰的认识——有助于我们深入研究万物互联。

cyber这个词一开始出现时很不起眼,后来却频繁出现在众多不同的语境中。事实上,这个词在20世纪40年代已经被用作前缀,当时cybernetics(控制论,研究生物和机器的通信和控制系统)风靡一时。如今,尽管一些读者可能从未听说过cybernetics一词,但cyber这个词——在希腊语中的意思是"舵手"或"统治"——已经开始流行起来,它被放在一系列名词的前面,包括cyber bully(网络霸凌)、cyber war(网络战争)

等。此外,它还被用于基础的、笼统的术语,如 cyberspace(网络空间)。关于网络空间,斯蒂芬·J.卢卡西克(Stephen J. Lukasik)教授解释道,"它将通信和控制的概念与空间结合在一起,以前是未知的和未被占领的领域,其中的'领土'是可以被主张、控制和利用的。"然而,在这个似乎一切都即将被连接起来的时代,关于这个概念的意义,几乎没有什么共识。正如米尔顿·米勒(Milton Mueller)教授所观察到的:"全球网络空间与领土主权国家之间的紧张关系,是推动互联网治理和网络安全辩论的主要因素。"本章概述了网络空间的基础知识,并讨论了一些在我们这个日益高度互联的世界中非常重要的问题和议题。

什么是"网络空间"? 它与"互联网"有何不同?

首先,需要注意的是,网络空间不是互联网的同义词,更不是万维网的同义词,尽管这些词有时可以互换使用。互联网可以被认为是由有线网络和无线网络组成的全球网络(它经常被称为"网络的网络")。这些网络之间的互联互通需要大规模的基础设施,包括铜电缆和光纤电缆,这些基础设施使得信息包可以传输到世界各地的家庭和企业(尽管,正如后面将讨论的,在宽带基础设施的接入方面,全球各国之间存在着巨大的差距)。网络间的互联互通还要求使用一系列互联网通信协议,这些协议是允许系统交互操作的规范或标准[主要包括传输控制协议(transmission control protocol, TCP)和互联网协议(internet protocol, IP)]。我们可以把它们看作是《星际迷航》中的通用翻译器(当前,各大科技公司都在努力研发通用翻译器)。万维网,尽管其覆盖范围和影响力令人难以置信,但它只是一个"信息空间"——由于人们一致使用像超文本传送协议(hypertext transfer protocol, HTTP)或超文本传输安全协议(hypertext transfer protocol secure, HTTPS)这样的应用层通信协议,很多公共资源能通过互联网相互连接,并可以被访问。值得注意的是,许多基础的互联网通信协议都是在"没有考虑安全问题"的情况下建立的。

那么,什么是"网络空间"? 相对于互联网和万维网,网络空间是一个更加抽象和更具有象征性意义的术语。正如本章开头所提到的,这个术语的英文单词的前缀 cyber 只能让我们对其含义有一定的了解(从 cybernetics 到 cyber war, cyber 半个多世纪以来都与前沿科学相关,其长久不衰的影响力令人印象深刻）。科幻作家威廉·吉布森（William Gibson）在1984年首次提出了"网络空间"这个词，他将其描述为："它是人类系统全部计算机数据抽象集合之后产生的图形表示，有着人类无法想象的复杂性。它是排列在无限思维空间中的光线，是密集丛生的数据，如同万家灯火，模糊不定。"这样一种异想天开的理解最终成了一种对网络空间的客观公正的描述，特别是当将网络空间概念化为"在一个较高的层次上，网络空间是由运行在光纤网络上的路由器和服务器组成的，其用户通过光脉冲合作，形成社区"后，这一理解更为恰当。

然而，"网络空间"这一术语在其诞生之初就在许多方面是模棱两可的。就连"网络"一词的使用都是有争议的（有关争议请参见下一节内容，可以从中快速了解一下有时更受人们欢迎的其他替代词是什么），这甚至是有些滑稽可笑的。尽管计算机科学家和政策制定者对这一术语的含义和范围尚未完全达成共识，但它已经演变为描述一个广泛的技术世界以及人机交互的世界的特定词。

美国政府各部门在创建互联网方面发挥了基础性作用[包括资助高级研究计划局网络，该网络又称为阿帕网（ARPANET），这是美国国防高级研究计划局的一个项目，我们将在本章后面介绍],随着时间的推移,美国政府各部门对网络空间的释义也在不断改变。乔治·W.布什(George W. Bush)政府将其解释为数十万台相互连接的计算机、服务器、路由器、交换机和光纤电缆,使我们的关键基础设施得以运行。2008年,美国国防部的一份内部备忘录将其解释为信息环境中的全球领域,由相互依赖的信息技术基础设施网络组成,包括互联网、电信网络、计算机系统、嵌入式处理器和控制器等。同时,在担任美国空军网络空间司令部司令期间,威廉·T.洛德(William T. Lord)将其解释为"整个电磁波谱"的同义词。

接下来,将我们的视野扩展到全球领域,我们发现,这也不一定能让人们对网络空间有更清晰的认识。2012年,思科公司总结了世界各国对网络空间的看法,发现尽管各国对其已达成一些共识,但仍存在明显的不一致性。其中,各国一致认为,网络空间包括:(1)有形的元素,如全球硬件网络;(2)信息;(3)虚拟空间;(4)某种程度的互联。然而,这些因素内部以及各国政府对待它们的方式,都存在着天然的矛盾与冲突。例如,虽然世界各国都有一种共同的理念(尤其是许多西方学者和政策制定者更加信奉这一理念),即网络空间是全球的网络公共空间,但许多网络大国都希望保护或扩大它们的"网络主权"。然而,正如爱沙尼亚前总统托马斯·亨德里克·伊尔韦斯(Toomas Hendrik Ilves)所说:"在网络空间中,没有哪个国家是一座孤岛。"

　　尽管学术界、政府、工业界和新闻界在许多方面都做出了值得称赞的努力,但为了进一步明确网络空间的范围和含义,并确保该术语的一致使用,人们仍然需要继续开展一些基础性工作。事实上,经常被忽略的最重要的因素之一是作为用户(或者说网民,甚至数字公民)的我们,包括我们的权利(如隐私权,这是第 4 章的主题)和责任(如有关网络卫生的实践问题,将在第 7 章中进一步讨论)。如果没有人类,转换成数据包,并以光脉冲的形式通过光纤电缆传输的内容将少得多,并且使网络空间充满活力的技术创新将会消失。尽管万物互联经常被解释为更多设备和机器的更广泛的集成,但它将受到我们对网络空间的模糊定义的影响,而网络空间的概念正在进一步扩展,并已逐步包含物理世界。

"网络"是唯一适用的术语吗?

　　与许多学者、从业者、政策制定者以及国际媒体的做法一样,本书主要(但不完全)使用"网络"这一术语。但是,许多其他术语也已经被使用,并继续被用来指代类似的概念。理解关于这些术语的争论的各个方面,无论是技术上的,还是其他方面的,都可以为我们提供重要的背景知识,有助于我们理解针对不同领域对象的材料描述,从而更好地参与相关研究或活动。

例如,当直接提到网络、硬件和软件时,许多工程师和从业者更喜欢使用的术语是"信息技术"和"信息系统",而不是"网络技术"和"网络系统"。与"网络安全"相比,许多人更喜欢使用的术语是"信息安全"或"信息系统安全"。在某些情况下,人们可能还需要同时使用以上术语,以使描述范围足够清楚。例如,最近技术和安全标准社区内的一个关键小组正式(并最终)将"网络安全"纳入其标题(而此前其标题仅限于信息安全和隐私保护)。

有关术语的使用在各国政府之间也存在差异。比如,俄罗斯更喜欢使用的术语是"信息安全"而不是"网络安全",这似乎意味着该国政府将进行内容监管,并采取更广泛的安全措施。而其他一些政府会在不同的背景下使用"网络安全"和"信息系统安全"等术语,比如,美国会频繁使用"网络安全"这一术语。

除此以外,许多政府还会提到"信息与通信技术",特别是在涉及经济部门时更喜欢使用这一术语。在涉及技术发展和安全措施时,"信息与通信技术"这一术语也被用于二十国集团等多边论坛,如"信息与通信技术使用中的安全问题"。

最近,"数字"一词(如数字信息、数字生态系统、数字革命、数字安全、数字和平等)又重新流行起来,特别是政策制定者和多边组织更喜欢使用这一术语。"数字"起源于信息时代,它指以固定数字(以 0 或 1 的形式出现的二进制数字或"位")生成、存储和处理数据的技术,不同于模拟电子和机械设备,其电压或信号是连续变化的,而不是以阶梯或增量的形式变化的。向数字技术的过渡与 20 世纪末的第三次工业革命有关。例如,1995 年,尼古拉斯·尼葛洛庞帝出版了《数字化生存》(*Being Digital*)一书,书中假设有一天我们将不再阅读纸质书籍,而是在屏幕上阅读——我们将使用带有触屏界面的数字技术。

如今,"数字"一词和"网络安全""信息安全"等术语一样,成为人们应对各种挑战时使用的术语。鉴于"数字"一词与全球"数字经济"(也被称为"互联网经济")的概念有着紧密联系,它与网络空间中的国家安全和军事努力的联系可能较少。一个关键的例子是关于联合国秘书长数字合作高级别小组的,

2018—2019 年,该小组审议了与数字技术相关的议题,包括包容、信任和数字安全等。值得注意的是,在多边或多利益攸关方论坛上,"网络"和"信息"这两个术语也常被使用,这一点从全球网络空间稳定委员会、《网络空间信任与安全巴黎倡议》以及在国际安全范围内从事信息和电信领域发展工作的联合国小组的相关描述中便可看出。

网络空间是如何扩张和发展的?

1969 年 10 月 29 日,在信息时代的黎明前,也就是阿波罗 11 号完成历史性登月任务几个月后,加州大学洛杉矶分校的研究生查理·克莱恩(Charley Kline)启动了阿帕网。克莱恩被要求输入"LOGIN",但是在他输入"LO"之后系统崩溃了。这是互联网历史上的第一条信息,这条信息被发送到 350 英里①外的斯坦福研究所。虽然今天克莱恩不像尼尔·阿姆斯特朗(Neil Armstrong)和巴兹·奥尔德林(Buzz Aldrin)那样被人铭记,但在很多方面,他那天的两次按键声,就像踏在月球表面的第一声脚步声一样,仍然在 21 世纪回荡。

---

① 1 英里≈1.61 千米。——译者注

自 1969 年以来,网络空间在许多方面都实现了令人难以置信的高水平增长,包括用户数量、技术基础设施的实体和虚拟资源量、应用程序和服务的数量和种类,以及可用数据量等都迅速增长。从阿帕网到美国国家科学基金会资助创建的广域网 NSFNET,再到我们今天所知的互联网,最初个人用户数量的增长相对缓慢,但在 20 世纪 90 年代初随着万维网的出现,个人用户的数量开始迅猛增长。虽然各方估计的数据各不相同,但世界银行的报告称,1995 年世界上约有 0.8％的人在使用互联网,2000 年这一数据约为 6.7％,2005 年约为 15.7％,2010 年约为 28.7％,2015 年约为 43％。截至 2019 年 1 月,这一数据估计为 57％,即约 44 亿人在使用互联网(自 2018 年 1 月以来增加了 3.66 亿用户,即每天新增约 100 万互联网用户)。

由于宽带普及率的激增和移动设备的日益普及,越来越多的新增用户开始使用互联网。在经济合作与发展组织成员中(包括美国、许多欧洲国家以及澳大利亚、日本和韩国等),宽带在 1997 年至 2003 年间开始普及,到 2008 年普及率为 13％～38％。特别是在美国,从 2000 年到 2010 年,家庭宽带普及率从 4％跃升到 68％,平均宽带速度从 2009 年到 2013 年翻了一番。今天，提供网络入口点的边缘设备，如路由器等的市场规模也出现了新的增长，部分原因在于新型物联网技术的开发和部署，这将在第 2 章中详细讨论。这引发了一个问题，当几乎所有的联网设备都是计算机的时候，我们还应该用什么方法来衡量网络空间的增长和演变呢？

一种方法是测量网络空间产生的数据量，毫无疑问，这一数据量是巨大的。在 2000 年，彼得·莱曼（Peter Lyman）和哈尔·R. 瓦里安（Hal R. Varian）发表了一项研究，他们计算出，1999 年全球产生了"大约 1.5 EB 的信息，即大约每人 250 MB"。他们还假设，即使"在今天，大多数文本信息'生来就是数字化的'……在几年内，这一点也将适用于图像"。据估计，当前全球每日产生的数据量可能就超过 1999 年全年产生的数据量。正如多莫（Domo）所强调的，大部分数据是用户产生的。2018年，用户在照片墙（Instagram）上发布了 49380 张照片，在色拉布（Snapchat）上分享了 2083333 张"快照"，每分钟进行了 3877140 次谷歌搜索，发送了 12986111 条短信，并提交了 18055555 条天气频道预报请求。早在 2015 年，人们便发现，人类在过去两年所产生的数据比此前整个人类历史上产生的数据还要多。展望未来，物联网设备将进一步导致数据的指数级增长,部分原因是,除了用户产生的数据,物联网设备内的传感器(包括温度传感器、压力传感器、接近传感器、图像传感器和其他传感器)还将产生数据流。(所有这些数据,无论是用户产生的数据还是其他数据,在多大程度上可以被更大的生态系统所依赖和使用,或者应该被标记为"错误信息",这仍有待观察。)

人们在网络上分享了大量照片

虽然网络空间中可用的功能和服务可能会继续升级——尤其是为新的物联网设备和数据流开发的软件和应用程序等——但同样值得注意的是,由脸书、苹果和谷歌所创建的服务将被整合成具有策划性、半封闭性的互联网平台。网络分析公司 Compete 发现,全美访问量"排名前十的网站在 2001 年的访问量之和约占全美所有网站总访问量的 31％,2006 年约占 40％,2010 年约占 75％"。这一趋势与全球同步,一直持续到 2018 年,该年全球有超过 10 亿个网站,但少数网站产生了绝大多数的访问量。例如,在 2018 年,谷歌是全球访问量最大的网站,每月访问量超过 420 亿次(谷歌旗下的 YouTube 排名第二,访问量为 230 亿次,这暗示了谷歌是一个在行业内处于垄断地位的公司)。消费者似乎更喜欢半封闭的专有网络,就像许多智能手机上常见的应用程序一样,因为它们易于使用。同时公司也青睐这些网络,因为它们可以使赢利更简单,包括通过营销使得赢利变得更简单。据《连线》杂志报道,单一用途的应用程序比通用浏览器更受欢迎,或者换句话说,在这一点上,快捷性打败了灵活性。

今天影响网络空间的一些主要政策问题是什么？

接入和包容、治理和信任对网络空间有着巨大影响。虽然我们已经在网络空间的多个方面实现了令人难以置信的高水平增长，但全宽带基础设施的全球接入仍然是一个重大政策问题，也是当前人类面临的一个严峻挑战。在世界各地的农村地区，技术的应用受到限制，这在很大程度上是由于缺乏配套的基础设施，从而导致了人们通常所说的"数字鸿沟"。2017年，全球近一半的人口在使用互联网，但不同地区的这一数据差异很大。例如，当时美国的互联网普及率约为75％，介于白俄罗斯（约74％）和俄罗斯（约76％）之间，但远远落后于英国（约95％）。

这些数据清楚地表明了全球各国在互联互通方面存在的差距，但这种差距的影响既隐蔽又广泛。首先，研究表明，互联网普及率对经济有直接影响；随着宽带的引入和随后的广泛应用，各国的人均国内生产总值（GDP）出现了增长。此外，在互联网普及的过程中，人们应用的技术可能是复合技术，即某些技术是集成的，并且是人们使用其他技术的基础。例如，互联网接入使得使用云服务成为可能,而云服务为存储和处理更多数据提供了动力,反过来又支持机器学习应用程序。而且,如今大多数使用互联网的人都生活在城市或人口密集的地区;为了弥合城市与农村和偏远地区的数字鸿沟和部署新兴技术,必须要建设或升级的基础设施的规模就相当大,预计将需要4500亿美元才能让全世界下一个15亿人口用上网络。更重要的是,仅仅增加互联网接入是不够的;在包括网络安全管理在内的多个政策领域,包容性方法至关重要。例如,在网络安全意识较低和治理薄弱的国家扩展宽带连接,会增加它们成为网络罪犯避风港的风险。因此,今天的数字鸿沟带来的短期和长期挑战都是重大的,与此同时,有限的互联网接入可能会对经济陷入困境的社区的经济增长和创新发展产生连锁效应。

许多组织正试图从概念和实际行动上来缩小不同地区在互联网接入方面存在的巨大差距。2010年,时任国际电信联盟(International Telecommunication Union,ITU)秘书长的哈马敦·杜尔(Hamadoun Touré)博士提出,各国政府必须将互联网视为基础设施,就像道路、废弃物和水一样。2011年,联合国的一份报告指出,正如西班牙、法国及芬兰政府认为的那样,互联网接入是一项基本人权,但包括"互联网之父"文顿·瑟夫(Vinton Cerf)在内的从业者对这一立场表示反对，本书第 4 章将对此做进一步探讨。2018 年，成员包含国际电信联盟和联合国教科文组织的高级官员的宽带可持续发展委员会，提出了一系列促进宽带接入的建议，包括制订国家宽带计划，并将居民可承受的门槛目标从不足人均月国民总收入的 5％降至不足 2％。公共和私营部门组织也创建了贷款和拨款项目来推动研究和支持相关政策建议，以推进和加强在世界范围内建设宽带基础设施以及其他宽带接入解决方案。

宽带基础设施

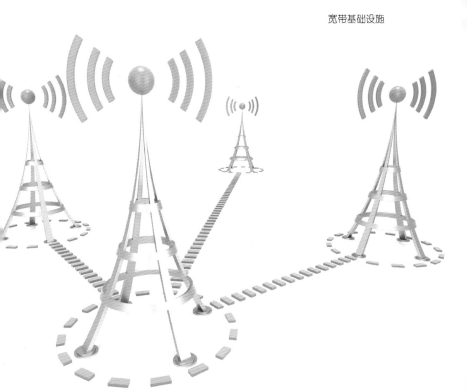

今天影响网络空间的另一个主要政策问题是治理,包括与主权和控制有关的问题。这些问题并不新鲜;自从互联网成为经济驱动力和国家安全优先事项——商业发展和冲突发生的主要平台以来,各国政府一直在关注并试图影响互联网治理。然而,互联网治理存在许多挑战。首先,尽管不可否认,网络空间的某些方面是全球性的,但不同地区有着不同的价值观、规范和法律,这些价值观、规范和法律检验了人们是否能够或应该通过一致的全球规则监管网络空间的想法。这个问题的早期表现之一是雅虎(Yahoo)网站因出售纳粹纪念品而受到监管。2000 年,一家法国法院裁定,根据法国法律,雅虎必须禁止法国用户访问以拍卖方式出售纳粹纪念品的英文网站(2006年,一家美国法院支持这一裁定)。最近,这一问题导致部分国家采取了更广泛的管理信息安全的措施,这与各个国家领导层的担忧有关。正如 2019 年俄罗斯通过的一项新法律所表明的那样,人们对信息安全和隐私方面的担忧也被政府部门用来证明这些措施是合理的;随着时间的推移,这些措施也加深了人们对在互联网和网络空间传播的信息呈现越来越明显的碎片化趋势的担忧。

其次,在某种程度上,作为上述全球体系内地方主权问题的延伸,多边或多利益攸关方论坛的议题,包含着与全球互联网治理制度和控制有关的挑战。许多组织已经处理了一些与互联网治理相关的问题,如技术协议和标准的制定、IP地址的分配(每个连接到互联网的设备都需要一个IP地址)和域名系统的维护(这使我们能够使用一个域名,比如weather.com,来获得一个数字IP地址,这个IP地址比域名更难让人记住)等——这些组织长期以来都与美国联系在一起,即使最近很多其他国家的组织做出了协调一致的努力,以确保自身在全球范围内针对上述问题的解决中发挥更强大的作用,这其中美国依然起着重要作用。[例如,2016年,美国商务部正式将互联网编号分配机构的协调和管理职能移交给私营部门,互联网编号分配机构是由被媒体机构称为早期"互联网之神"的美国公民乔恩·波斯特尔(Jon Postel)创立的,见图1.1。]一些国家的政府已经推动国际电信联盟等多边组织在互联网名称与数字地址分配机构(Internet Corporation for Assigned Names and Numbers,ICANN)或联合国互联网治理论坛(Internet Governance Forum,IGF)等多利益攸关方论坛中发挥更广泛的作用。

图 1.1 乔恩·波斯特尔（被誉为"互联网之神"）

与接入和包容问题一样，治理问题可能会在一段时间内继续构成重大政策挑战，物联网的发展可能会加剧紧张局势。许多不同的利益攸关方参与治理，并出于一系列商业和国家安全目的加以利用的"网络的网络"，其治理是分散化的，要知道，治理部门不仅仅涉及上述所提到的那些组织。许多私营部门拥有并经营互联网基础设施和服务，业务范围涵盖从宽带到设备再到软件等多个领域。随着物联网设备（以及应用程序和服务）的激增，将会有更多的行业组织参与到多利益攸关方的讨

论中来——不仅包括电信公司和信息技术公司，还包括需要
IP 地址的家电制造商、需要在偏远地区建立可靠连接的汽车
公司，以及需要全球数据流来为威胁情报模型提供信息的工业
系统运营商等。多边或多利益攸关方治理模式是否发挥作用、
在多大程度上发挥作用以及如何发挥作用，这可能会影响一系
列问题，包括物联网的使用和控制等。结合第 5 章所介绍的有
关多中心治理的内容，你将会更好地了解与互联网治理相关的
挑战。

治理决策（以及互联网接入的增加）也将对今天影响网络
空间的第三个主要政策问题——信任以及与隐私、安全和稳定
相关的问题产生影响。本书后面将更详细地讨论这些问题，但
简而言之，我们继续使用网络空间以及不断发展的物联网的基
础在于我们的集体信任能力：相信我们的数据正在受到保护而
未被滥用，相信我们可以依赖弹性连接的系统和服务，相信网
络冲突不会升级并威胁到我们的数字生活、基础设施和日常生
活等。有关隐私、安全和稳定的问题，不仅涉及旨在促进行业
实践、保护消费者和限制网络攻击的法律、政策和规范，而且涉
及改善全球执法合作、加强网络卫生和为新技术做好准备的努

力,这些新技术包括第 6 章和第 7 章中讨论的机器学习和人工
智能服务等。

网络犯罪与网络战争、网络间谍和网络恐怖主义有何不同?

在更深入地研究物联网之前,我们需要再次强调我们对
"网络"这一词语的使用有多普遍,以及我们充分信任网络空间
所面临的各种挑战:网络威胁通常被分为四个类别——网络犯
罪、网络战争、网络间谍和网络恐怖主义。以上威胁行为也会
发生在网络空间之外的环境中,因此针对网络威胁的这些分类
有助于我们理解不同类型的网络空间威胁行为和行为体,即使
这些行为和行为体的界限有时可能是模糊的,也不影响我们的
理解。网络犯罪正变得越来越有组织性,通常被认为是出于经
济动机;攻击者可能会窃取用户的身份或凭证,将资金(如今通
常是加密货币)直接存入或转到他们的账户中。网络战争通常
被理解为涉及各国政府之间的冲突,这些冲突可能局限于网络
空间,也可能同时涉及常规(动能)攻击。值得注意的是,人们
在界定国际法是否适用于武装冲突以外的网络事件方面,也面

临重大挑战。网络间谍活动可能涉及对关键信息基础设施的攻击、破坏以及对私营部门信息的窃取(例如,以知识产权信息为目标,从而缩短研发时间或降低将新产品推向市场的成本)。恐怖分子这个总称常被用来指那些试图系统性地利用恐怖行为来推进他们的观点或统治一个特定地区的反动者。网络恐怖分子则往往利用网络空间破坏计算机或电信服务,从而引发公众恐慌,使公众对政府有效运作的能力丧失信心,比如通过中断关键基础设施制造恐慌。网络恐怖主义往往是指非国家行为体利用互联网传播恐怖主义思想,并借助网络从事招募人员和寻求资助等活动以支持恐怖主义的网络犯罪,包括通过网络攻击进行上述行为。

不断发展的物联网将使得以上这些类别之间的界限日益模糊,这些类别之间已经存在重叠和归属争议等问题。一系列设备之间的连接以及它们产生的新的数据流将为网络攻击者窃取信息和进行破坏性或毁灭性攻击提供新的机会和动机。例如,虽然网络恐怖分子可能觉得窃取健康记录不足以引起他们的兴趣,但他们可能会考虑将健康监测器或可能造成更大破坏的设备作为目标。如果他们需要更专业的技术,那么他们可能会尝试与其他网络犯罪分子更紧密地合作,从而展开符合他们双方利益的攻击。随着物联网设备的激增,对网络攻击的投资也将激增——这不仅需要我们在风险管理方面继续投资,还需要我们灵活应对不断演变的网络威胁,并认真思考如何减少网络威胁。

新发明往往会带来各种各样难以预见的影响,因为新发明会与周围的系统相互作用,这些作用反过来也会影响新发明的发展演化。以拖拉机为例,如今,农场里的拖拉机无处不在,并且会以各种不同的形式出现。然而,在 19 世纪末之前,农场需要更多能进行农业生产的人和牲畜,但只能生产相对较少的粮食。由于拖拉机提高了粮食的生产效率,拖拉机自然就逐渐取代了马匹和大多数农民。在美国,农业长期以来一直是国家经济支柱,拖拉机的普及最终迫使许多人离开农业,重新寻找新的工作,这种劳动力通常流向了工厂,从而推动了一个新的工业化和技术发展时期的发展。

智能手机是另一个例子。早期手机机型的推出相对缓慢(例如,2000 年的爱立信 R380、2002 年的 Palm Treo 和 2003 年的 Blackberry Quark),并且最初人们担忧价格相对昂贵的苹果手机(2007 年首次上市)是否能取得良好的销售业绩,但最终智能手机掀起了一波又一波的市场浪潮,它们支持新的电子商务模式,创建了一个全新的应用程序世界,改变了我们与技术互动和依赖技术的方式。虽然它们通常不被认为是物联网的一部分,但它们处于新兴的万物互联时代的前沿,推动了类似于从昨天的固定电话到今天的苹果和安卓设备的潜在变革。随着"计算机化设备"的功能不断升级,它们对用户的吸引力与日俱增,同时这些设备的价格也在不断降低,因此人们反对进一步发展物联网的理由也将随之减少,从而使各种物联网应用场景成为可能,如实现智能洗衣机与其内部的智能衣服通信,以优化智能洗衣机的旋转周期,从而减少对衣服的洗涤损伤。

然而,物联网的独特之处,以及比其他移动计算技术更可能存在潜在问题的地方,在于物联网设备和平台的巨大规模和可变性等。事实上,尽管物联网通过无处不在的网络提供了更强的连通性和更先进的功能这些十分有前景的价值主张,但仍有一些重大挑战可能影响物联网的应用,其中一些挑战见表2.1。

表 2.1 影响物联网应用的挑战

挑战	描述
安全	物联网设备的产品设计缺陷或漏洞可能会被不法分子用来进行身份盗窃、信息窃取、网络渗透等非法活动,甚至可能造成物理破坏
隐私	物联网设备可能会收集敏感的用户身份信息,并通过平台分析用户大量的精细化数据以推断用户的行为

续表

挑战	描述
数据控制和治理	物联网设备可能会收集大量的实时数据，使我们无法了解这些数据是如何被使用和保护的
标准化	目前，缺乏标准的、普遍接受的架构和具有潜在主导地位的专有协议、接口和物联网设备的产品设计标准

我们将在第3章和第4章详细讨论人们对安全和隐私的担忧，毋庸置疑，当前这些担忧对物联网系统的持续发展和重新部署构成了重大挑战；与物联网治理和标准相关的问题我们将在第5章和第6章进一步展开讨论。正如我们将看到的，在互联网商业和其他活动兴起的过程中，网络安全和隐私保护一直备受关注，并且物联网的发展进一步增加了人们在这两个方面所面临的风险。如果某人的身份被黑客攻击利用，那么他可能会遭受经济损失。如果某人的自动驾驶汽车被黑客攻击，其后果可能会更严重、更直接。同样，我们浏览网页时经常看到的定制广告，突显出我们在隐私问题上与科技公司达成了妥协。尤其是在如今传感器无处不在的世界里，随着我们的行为和生活的更多方面被跟踪、汇总和分析，如果没有适当的保护措施，我们可能会在越来越多的方面面临被操纵（无论是否恶

意)的风险,而更严重的是,我们甚至都意识不到这一点。

　　为了了解未来会发生什么,以及这一切对网络安全、隐私和治理等问题意味着什么,我们首先介绍关于物联网技术的定义、范围和实际影响等问题。(这些问题也可以为你理解本书后面介绍的其他内容奠定基础,并会有助于你进一步探索其他方面的问题,如物联网带来的更广泛的社会、经济等方面的影响。)最终,我们的未来是否会是一个互联网十分普及和值得信赖,以至于现实世界几乎消失的世界,这取决于许多因素。这对未来几代人如何工作或生活有什么影响,我们可能很难预测,但我们可以预期可能产生的连锁效应,如自动售货机的连接确实可能会促进人们对物联网的研究。

什么是"物联网"？　它是如何出现的？

　　如今,物联网作为一个术语,在技术和政策领域以及流行文化中都得到了广泛使用(基本上已经超过了"网络物理系统"等替代术语),但关于它的起源却有不同的说法。人们通常认为,这一术语的首次使用始于技术先驱凯文·阿什顿,他在1999 年首次将"物联网"作为宝洁(Procter & Gamble)公司演讲的标题。在演讲中,他提到希望将自己参与开发的射频识别 (radio frequency identification, RFID) 技术与互联网联系起来,这引起了宝洁公司高层管理人员的注意。

实际上,让"智能"设备之间相互通信的想法早就存在了,可以追溯到 20 世纪 60 年代末之前,一直延续到阿帕网的出现(这一想法最终演变为了互联网,"普适计算"便是构建于互联网之上的)。此外,计算机与机器的连接也早于物联网;工厂和大型工业机器长期以来一直由计算机控制系统,如数据采集与

计算机控制系统

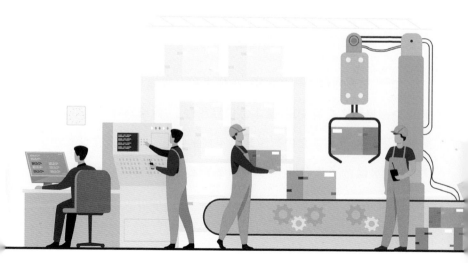

监控系统(supervisory control and data acquisition system, SCADA system)控制,该系统可以根据操作条件监测和调控工业设备。卡内基梅隆大学的研究人员在20世纪80年代初首次在自动售货机中安装了传感器和开关,并将自动售货机连接到了互联网上。这种连接使研究人员能够数出自动售货机中现有瓶子的数量,并检查它们的温度。大约在同一时间,麻省理工学院的学生部署了一台服务器,它可以告诉人们哪些洗手间是空闲可用的。

有限的基础设施和高昂的成本推迟了(我们今天所认为的)物联网的实现。在20世纪90年代,尽管越来越多的企业开始实现更广泛的互联网连接,但缓慢的网络速度和糟糕的网络架构仍然限制着联网机器的使用。物联网技术的应用价值可以说是自2010年以后才逐步实现的,这至少是以下三个因素共同作用的结果。第一,宽带互联网的日益普及提供了高速的网络连接,使发达国家大部分地区的设备可以通过无线网络相互通信。第二,计算能力的增强使得实时分析大量非结构化数据成为可能。第三,传感器成本的下降使得制造商增加很低的成本便可以在任何设备上添加小型无线芯片。这些因素的结合为智能互联设备的激增创造了完美的环境,从而催生了物联网(以及最终的万物互联)。机器学习和人工智能带来的计算能力的提高,或通过 5G 的推出等实现的网络连通性和通信状况的改善等,将进一步带来更大的互联网发展空间和实现更多的互联网新功能。事实上,正如施奈尔所说,物联网、机器学习、人工智能、云计算和机器人技术等技术不断发展和相互融合趋势的加强,最终导致了"一个会感知、思考和行动的互联网"的形成。

目前,物联网还没有一个通用的定义,部分原因可能是这个术语描述了一个我们如何与物理世界互动的新概念,而不是一种技术架构。尽管如此,一些组织和个人还是提出了描述它的方法,突出了一些共同的元素和主题。2014 年,美国国家安全电信咨询委员会(National Security Telecommunications Advisory Committee,NSTAC)将物联网描述为一个包含了设备、应用程序和服务的分散式网络,可以感知、记录、解读、传递、处理各种信息,以及控制物理环境中的设备……2015 年,美国电气电子工程师协会(Institute of Electrical and Electronics Engineers,IEEE)的一份出版物认为物联网的架构有三个层次:感知层、网络层、应用层。2017 年,物联网公司 Leverage 的一位董事将物联网表述为一个系统,这个系统集成了四类不同的元素——传感器或设备、连通性、数据处理和用户界面。
传感器产生的数据,通常被发送(例如,通过蜂窝网络、卫星、蓝
牙、无线网络等连接)到云服务器进行处理(这种处理包括各种
场景的应用,从检查温度读数是否在可接受的范围内到使用计
算机视觉识别物体,如家中的入侵者等);最后,用户可以访问
这些数据并可能采取行动。云服务还可以帮助维护用于驱动
物联网设备的软件,提供软件更新或安全监控等服务功能。总
的来说,这些功能在一定程度上增加了物理设备的"数字智
能"。

　　物联网从智能自动售货机发展到包含完全不同网络的网
络星群,已经取得了长足的进步。事实上,进一步描述物联网
的一种方法是区分复杂度相对较低的"小"场景(例如,处于同
一网络上的一些事物)和复杂度较高的"大"场景(例如,许多事
物或许多网络)。智能恒温器使用预测分析来了解用户行为模
式,从而为智能人行道创建定制的供暖时间表,从中人们可以
获取信息,并收获相应的信息价值。而随着物联网设备的连通
性、分析能力和管理能力的提高,人们可以将暖通空调系统与
其他网络(如电话服务、安全和照明网络)集成,以创建一个远
程可控、交互式的智能家居环境。随着物联网的发展日趋成

熟,完全不同的智能住宅和商业网络之间也将能够实现相互通信,创造智能的(并可能更具弹性的)城市也因此成为可能。在宏观层面上,这种结果类似于早期的网络,当时思科公司使用多协议路由来连接不同的网络,这最终导致了一种被称为互联网协议的通用网络标准的诞生,该标准是互联网的基础,至今仍被高度依赖。尽管物联网规模更大,并且跨越无数个部门和行业,但物联网的发展似乎也将遵循类似的路线,最终将形成适用于物联网体系的通用网络标准。

互联网上对不同类型事物的发展有哪些预测? 它们准确吗? 它们为什么重要?

2018 年,三星公司承诺到 2020 年将实现其所有设备的联网和智能化,包括电视、冰箱以及可穿戴设备等。谷歌前首席执行官埃里克·施密特走得更远,他预言"互联网将会消失,未来将会有数量巨大的 IP 地址……设备、传感器,以及你能与之互动却感觉不到的东西,它们将成为你生活中不可或缺的部分"。尽管短期内不太可能,但在中期内,将许多(或许是大多数)设备联网是可能实现的。在 2018 年发布 Azure Sphere(一种旨在提高安全性的物联网解决方案,有关 Azure Sphere 的更多信息,参见第 3 章)时,微软强调,如今,许多日常设备都有微控制器,这是一种通常比你的拇指指甲还小的芯片。事实上,每年有超过 90 亿台由微控制器驱动的设备被部署,但如今这些设备中只有很少一部分能联网。

随着物联网热潮的起起落落,已经有许多关于当前物联网部署的报告和对物联网设备增多的广泛预测。虽然其中一些预测被证明过于乐观,并且各个预测之间存在差异,但不可否认的是,应用于多个行业类别的智能设备的使用量在激增。2017 年初,Gartner(高德纳)公司曾预测,2018 年全球的物联网设备安装量将从 2016 年的 63 亿台增加到 83 亿台,首次超过地球上的人口数量。然而,2018 年年中,IoT Analytics 公司指出,"只有"70 亿台物联网设备在使用中,并预测 2019 年已联网和正在使用中的物联网设备数量将达到 83 亿台,到 2021 年这一数量将增加到 116 亿(相当于当年智能手机、平板电脑、台式电脑、笔记本电脑和固定电话等非物联网设备的预期连接数量)。在 2018 年底,Gartner 公司预测,到 2019 年将有 142 亿台物联网设备联网,到 2021 年将累计达到 250 亿台。而爱立信(Ericsson)公司则预测,到 2022 年,将有 180 亿台物联网设备被投入使用。这一预测的立场介于上述两家备受尊敬的分析公司的立场之间。另有预测估计,2020 年到 2021 年物联网设备数量将由 90 亿台增长至 250 亿台(尽管更早之前有研究估计 2020 年物联网设备的数量会高达 750 亿台)。

关于这些令人难以置信的、各种各样的预测,我们至少需要了解以下几个方面。一方面是要了解全球范围内的物联网设备部署情况(无论是现在还是将来的情况)。2015 年和 2019 年的相关报告均显示,北美是物联网设备部署得最广泛的地区,而亚太地区则是物联网设备部署数量增长最快的地区;2017 年,Gartner 公司预计 67% 的物联网设备将在中国、北美和西欧使用。相应地,我们还需要了解的其他方面包括,物联网设备是如何连接的(例如,是否是通过无线个人区域网如蓝牙,或通过无线局域网如 Wi-Fi 连接)以及预计的增长点是什么。根据 IoT Analytics 公司的分析,如今大多数设备通过无线个人区域网或无线局域网连接,这也突显了低功耗广域网和无线邻域网的引入的潜在增长趋势,包括第 6 章和第 7 章讨论的网状网以及未来几年 5G 的潜在增长趋势。考虑到当前已部署或近期可用的基础设施,以及不同类型的网络可能具有的风险或功能的不同,设备的连接方式将影响全球网络的接入情况(例如,网状网可能有助于填补某些地区宽带接入的空白)及其安全性和隐私性。

我们还需要了解的方面包括这些数据对个人和企业意味着什么。如果到 2025 年,地球上有 80 亿人口和 250 亿台物联网设备,这意味着人均拥有 3.13 台物联网设备。然而,考虑到网络连通性和收入(以及不同年龄群体)的差异,我们可以预测,到那时,仍然有许多人可能不会拥有物联网设备;另一方面,可能对许多人来说,他们人均拥有的物联网设备数要比这一数字高得多。国际数据公司(International Data Corporation,IDC)估计,到 2025 年,世界上每一个"联网的人"都将参与"数字数据互动",其中许多将与物联网设备有关。国际数据公司还估计,这种互动每天发生 4900 多次,这意味着我们平均每 18 秒就将与某些设备进行一次互动。

在不同的细分市场和不同的企业内部,人们使用物联网技术的情况也会有所不同。例如,在企业内部,营销和运营人员往往是最积极地使用物联网技术的早期人员,因为他们更易于认识到物联网技术在获取实时客户反馈和实现运营目标方面具有潜力。在垂直行业领域,消费者物联网(如智能家居设备和可穿戴设备等)的部署非常广泛,预计这一领域的支出增长趋势也最明显。制造业、运输和物流行业已经拥有最广泛的物联网部署,预计支出成本最高,但能源及公共事业、金融服务、医疗保健和零售行业也被追踪研究,预计这些行业在物联网的支出方面也会有显著的增长。

在这些业务环境中,扩大和深化物联网应用的一个关键要素似乎是帮助企业了解各种选项和使用案例的前景。物联网解决方案还有助于优化资源,包括通过使用物联网服务,将多个供应商的组件捆绑到"完整的"物联网解决方案中,然后经济

智能家居

高效地对数据进行高级分析、可视化和数据挖掘。此外,解决以下章节中提出的网络安全、隐私和治理挑战等问题将是确保为企业和个人提供有利环境的关键所在。

在个人用户、企业和政府之间,目前有哪些类型的物联网功能、设备和应用?

你知道有多少技术是用来帮助保护你的家、提高生产设备的能源效率、改善健康状况、更安全地驾驶汽车、管理交通信号灯和交通流量、在洪水或地震来临前做好充分的应急准备等的吗?很可能不是很多。物联网潜在的功能、设备和应用的范围之广令人难以置信,这是物联网技术令人极为兴奋和被大肆宣传的原因之一,也是物联网技术有潜力改变我们的生活和社会的许多方面(无论这些方面是好是坏)的原因。

与此同时,你、你的企业或你的政府能抓住当今的物联网机遇来做些什么?简而言之,可以做的事情有很多,我们无法一一列出。以下是一份不全面的综述,简单介绍了在撰写本书时已经出现的物联网功能、设备和应用的类型。

首先,关于消费者物联网,在智能家居领域,现有的物联网功能、设备和应用包括与家用电器(如冰箱、洗衣机和烘干机)有关的设备和服务、可提供娱乐服务的设备(如电视)、与公共设施有关的设备(如插头或插座、灌溉控制器、恒温器、灯泡和通风口)以及用于安全管理的设备(如门锁、车库门、运动传感器、烟雾探测器、家用报警系统)等。在消费类电子产品领域,现有的物联网功能、设备和应用包括个人助理(如 Amazon Echo、Google Home)、可穿戴设备(如智能手表和健身追踪器)以及日常的个人和家庭管理设备(包括钥匙、钱包追踪器、牙刷、宠物喂食器等各种电子产品)。

其次,关于行业的例子更为广泛。在制造业或工业物联网领域,现有的物联网功能、设备和应用的例子包括流程和资源的监控和优化(借助许多传感器和分析以及数字孪生等技术)、预见性维修、减少误差(如将传感器集成到工具和机器上,并提供可穿戴工作设备)、透明度和合规性(零件可追溯性)等。在运输和物流领域,现有的物联网功能、设备和应用的例子包括车队和运输管理、智能库存系统以及联网汽车或半自动汽车。在金融服务领域,越来越多的传感器部署和日益增加的数据分析已经影响到信贷承销、贷款(如传感器可以监测融资货物的状况)、贸易和投资活动,以及向企业和个人提供保险等方面。

在能源领域,常见的传感器部署例子包括智能电表和智能电网,以及优化其操作的物联网系统。在卫生领域,通过物联网设备(如磁共振成像设备、X 射线衍射仪和超声波检测仪等)产生的医疗数据越来越多,这也促进了物联网分析设备的更快部署。零售行业的例子也很广泛,包括从跟踪商店中货物的库存到为购物者提供个性化营销,再到在降低员工操作性任务比重的同时增加员工以服务客户为导向的任务的比重等。在农业、教育、酒店和其他领域也存在潜在的物联网功能、设备和应用的例子。表 2.2 中讨论了其中一些领域。

表 2.2 物联网设备在各行业的应用现状和未来的应用前景

行业	应用现状	未来的应用前景
零售	供应链运作、个性化营销和客户服务	实时监控店内和车队运营,预测消费者行为
医疗保健	用于诊断患者生命体征的智能手机,具有处方依从性的药瓶	使用传感器数据来减少设备停机时间,为老年人提供远程医疗服务,并充分实现身联网
保险	企业使用现有技术来收集数据以确保合规	通过使用收集的数据进行业务预测来适时调整策略

续表

行业	应用现状	未来的应用前景
智能家居	不同的网络使用不同的设备，如暖通空调使用智能恒温器，照明使用智能电表，安全分析使用安保设备	创建一个基于智能家居的网络，在这个网络中，所有设备都可以实现跨设备无缝连接
交通运输	跟踪交通数据、司机表现、环境状况，并在有必要时及时发出警报	将自动驾驶车辆之间，以及自动驾驶车辆与其他智能设备和基础设施连接起来

目前，大多数国家政府都在使用物联网设备和应用程序来加强管理，以提供更好的公共基础设施和服务，并改善应急响应、警务和国防等公共安全服务。例如，在政府办公室使用智能能源系统，建造和维护智能道路，优化垃圾收运方式，跟踪野生动物，监测天气和环境（例如，监测河流水位、森林火灾、水下火山活动等），管理军事供应链，分析交通流量（特别是交通事故频发地区的交通流量），了解用水趋势，等等。物联网设备和应用程序甚至被用来帮助解决停车难题。

简而言之，当今很难找到一个既没有受到也将不会受到物联网技术广泛应用影响的领域或行业。这包括对我们所有人来说非常私人的部分——我们自己。

什么是"身联网"？

从前面的问题中我们知道,物联网设备和应用程序可以用来减轻外部压力(比如更快地找到停车位),但物联网或许也可以从内部解决身体问题。这一概念被称为"身联网",它与物联网本身的概念相同,只是它是由连接到人体或置于人体内部的智能设备组成的网络。因此,它包括但不限于健身追踪器、智能眼镜和智能手表等设备,将引领人们走向一个既充满希望又存在潜在危险的不确定未来,正如知名科技媒体 Motherboard 的梅根·尼尔(Meghan Neal)所预言的那样:

> 计算机将变得非常微小,以至于它们可以嵌入皮肤下,植入人体内,或集成到隐形眼镜中,并卡在你的眼球上方。当然,这些设备将支持 Wi-Fi,你现在用手机做的任何事情,将来都可以通过你的目光或手势来完成。

不过,这个概念已经成为现实。2017 年,美国食品药品管理局批准使用可摄取技术或"智能药丸",明尼苏达大学健康诊所的医生使用这种技术来监测化疗患者是否在服用药物。美国美敦力（Medtronic）公司是全球领先的医疗科技公司，该公司于 2019 年推出了一款手机应用程序，该应用程序能够通过智能手机和平板电脑直接与患者的心脏起搏器进行通信。另一家公司推出了一种"智能双模态听力解决方案"，相关应用程序可以与智能手机连接，用户可以通过手机直接进行管理。人们还将大量投资用于开发类似"人工胰腺"这样的设备，它能够自动监测血糖水平，并为 1 型糖尿病患者提供胰岛素，取代了

身联网

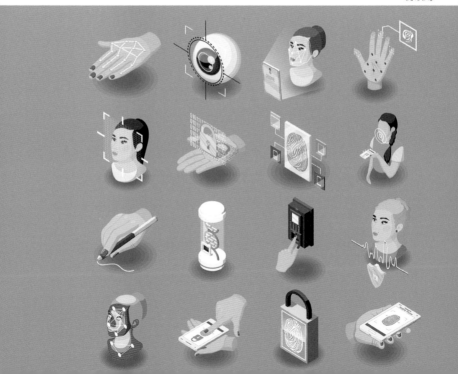

持续监测患者血糖水平和通过注射输入胰岛素的需要。同样，2014 年,谷歌宣布将努力研发一种智能隐形眼镜,旨在通过使用微型无线芯片和微型葡萄糖传感器持续监测眼泪中的葡萄糖水平,使糖尿病患者能够轻松获得相关数据,而不必戳破手指进行滴血测试。2016 年,该公司还申请了一项眼内设备专利,该设备可以自动调节焦距、进行拍照,并连接外部无线设备,可以替代传统的眼镜或隐形眼镜(特别是用于近距离聚焦时,矫正效果更好),并能够将数据发送到验光师办公室或诊所,这样验光师办公室或诊所就能提供数据的无线更新,相当于开具矫正镜片的处方。

当然,当将人体这样脆弱的东西连接到各种物联网设备时,安全和隐私问题是显而易见的需要高度重视的问题。例如,美国食品药品管理局曾强制召回 40 多万个心脏起搏器(这些心脏起搏器容易受到黑客攻击,需要进行固件更新),这件事当时引起了美国全国上下的关注。当考虑到与植入设备互动的挑战,或考虑到犯罪分子或国家为达成其目标将如何使用个人健康记录时,我们可以进一步想象安全和隐私问题的重要性。在第 3 章中,我们将深入探讨物联网安全问题。

在联网的个人设备中安装传感器有什么好处？ 在工业控制系统中安装传感器又有什么好处呢？

据 ZDNet(至顶网)报道,2018 年美国最佳智能家居产品是 Ring。这是一款智能门铃设备,当检测到有人出现在你家门口时,这一设备会通过智能手机、平板电脑等设备提醒你,并为你提供多个应答选项,你可以直接通过内置的麦克风,或拍摄视频片段与访客进行交流(不过,需注意的是,该设备曾因摄像软件的漏洞而在 2019 年末卷入了一场索赔金额达 500 万美元的集体诉讼中)。排名第二的智能家居产品是可爱的移动机器人 Kuri,它可以在你的房子里走来走去,充当个人助理,让你混乱的日常生活变得有条理。然而,就在 Kuri 被 ZDNet 认可 3 个月后,由于博世(Bosch)公司决定不将博世创业平台整合到其现有的业务中,Kuri 的生产(至少是暂时地)结束了。

尽管 Ring 和 Kuri 的功能(以及迄今为止的成功之处)相当不同,但至少它们的一些传感器是相似的。例如,Ring 和 Kuri 都有接近传感器、运动传感器以及图像传感器,这些传感器可以用来识别和记录出现在你家门口的人或待在你家的家人和朋友。在物联网的发展过程中,传感器(无论是捆绑式还是嵌入式的)作为物联网的基础组件非常重要,传感器也在不断发展,目前市场上已经出现了各种类型的传感器。但在物联网设备和应用中普遍使用的传感器有哪些? 这些传感器记录了如此多关于我们的信息,它们有哪些优点和缺点?

不同类型的传感器将用于不同的设备,以实现不同的功能。一种将它们分类的方法是按照物理领域划分,主要分为光和电磁传感器、热传感器、振动和声音传感器、物质和材料传感器,以及时间和空间传感器等。更具体的类别包括压力传感器、水质监测传感器、化学传感器、气体传感器、烟雾传感器、湿度传感器及红外传感器等,这些只是其中一些相对直观的类别。陀螺仪传感器(用于测量角速度或速度),被应用于从汽车导航系统到游戏控制器和无人机的各个领域,它们非常敏感,可被用来捕捉声波振动或窃听他人谈话等。陀螺仪传感器常与加速度传感器结合使用,加速度传感器能测量速度随时间的变化率,因此被用于智能手机中以检测手机跌落等行为或进行防盗保护。液位传感器用于确定在开放或封闭系统中的液体流量,被广泛应用于回收、饮料生产、制药、燃油表和监测海平面仪器的生产等各个行业领域。

在家庭环境中,这些传感器可以向人们提供安全、节能、方便、新颖、专业(例如,指导你像专业厨师一样做饭或跟踪你的跑步姿势)的服务或促进家庭成员之间的互动。在安全方面,除了 Ring 之外,其他智能家居安全系统还使用图像传感器和运动传感器来监控进出人员,或监测儿童和老人的健康状况。智能烤箱可能会在出现故障时使用温度传感器或气体传感器发送信号。感应式炉灶也可以通过压力传感器和化学传感器实现以下专业技能:当金属锅放在燃烧器上方时,燃烧器就会有针对性地加热,这样就不会导致锅的某一部分出现过热现象。为了进一步提高能源效率,运动检测和光学或红外传感器可以提供局部加热,液位传感器和湿度传感器可以帮助智能热水器和洗衣机在发生泄漏时发出警报,或帮助暖通空调系统发出需要预见性维修的信号。扫地机器人 Roomba 既方便又新颖,它们需要安装接近传感器和压力传感器。为了促进人与人之间的联系,图像传感器和运动传感器可能不仅有助于让人们看见所爱之人的面孔,还会在人们移动联网设备时触发一种身体上的接近感或意识。

在工业物联网中,许多相同的传感器被用于类似目的,但也存在差异。例如，即使在特别恶劣的环境中，工业传感器也应该能够发出信号，表明某一特定条件得到了保护。虽然传感器已经在制造业中使用了几十年，但在物联网技术出现之前，它们受到信号噪声、信号衰减（即信号减弱）和动力响应等问题的限制；物联网技术改造了传感器，使它们能够用于更多的机器（因为它们可以更小、更灵活）、进行更复杂的计算，并具有更多的功能。一般来说，工业物联网传感器可以增加对现有工作流和流程的可见性，帮助预测在不同环境下可能会出现的结果，或创建新的商业模式。例如，制造和销售空气压缩机的德国传统企业凯撒（Kaeser）空压机公司意识到，通过使用物联网传感器，还可以提供一种压缩空气的服务。更具体地说，工业物联网传感器倾向于监测一系列条件的实时变化，包括温度、速度、重量、位置、操作故障、操作变化、物体运动、阀门状态以及机器性能、氧气水平和员工心率等。最终，这些传感器提供了一些关键的好处，包括维护设备和改善环境条件以满足监管要求，改进物流和资产管理并提高自动化水平，以及控制能源成本等。

传感器是物联网设备的核心，能够收集可用于增强设备功能的数据,然后利用连通性,在设备上处理数据,并自动执行一些功能或为响应用户的输入而执行某些功能。这是物联网设备和服务真正增值的地方,也是引入大量风险的地方,这让我们看到了物联网革命更具挑战性的一面。

3 物联网安全问题的深度探究

成功有时会产生意想不到或适得其反的后果。例如,舒洁面巾纸、Q-tips棉签和邦迪创可贴的生产商都知道,巨大的成功可能会导致一个商标在美国和其他地方被泛化使用,削弱商品品牌在其独特标识上的投资价值。在互联网领域,互联网的成功应用削弱了人们对于安全性的关注度。早期的互联网开发人员更关注互操作性,而不是安全性,因为他们是为一个相对较小的、值得信任的技术专家社区构建网络,但互联网的飞速发展带来了许多新的互联网用户,使内置安全性变得更加重要。此外,众多公司对速度、效率的追求和想要率先上市的愿望早已胜过了对安全性的需求,至少在21世纪初有关计算机病毒的头条新闻相继出现之前是这样。

如今,随着万物互联时代的到来以及其将给我们生活的各个方面带来许多影响,人们对从消费品到智能制造等更大的生态系统的安全性充满了担忧;就连美国国家航空航天局现在也在帮助将物联网推向最前沿。因此,物联网对安全构成了巨大的挑战,在几十年来不断增加的网络安全问题之上,又增加了新的网络威胁、漏洞、后果以及技术架构等问题(尽管这些问题越来越受到重视,人们也在努力解决这些问题)。本章将深入探讨物联网安全问题带来的影响,接下来首先从基本的安全问题开始入手,然后再讨论智能灯泡这一看起来很聪明的想法。

物联网面临的一些基础性的安全挑战问题是什么? 它可以给人们带来什么好处?

物联网设备本身以及它们所利用的服务和网络都面临安全挑战。首先,必须保护物联网设备所依赖的网络和基础设施(包括移动网络),并使其具有弹性。此外,物联网设备和服务面临的安全问题与其他由硬件和软件组成并与用户交互的系统和程序所面临的安全问题类似,如漏洞(即代码缺陷)和用户网络安全意识不强(例如,使用弱密码、延迟修复补丁或更新安装等,以致网络诈骗者的"网络钓鱼"或"鱼叉式网络钓鱼"行为屡屡得逞)。移动技术面临的挑战也突显了随着物联网设备被更广泛地部署,并以一种更集成的方式与家庭和工作环境中的用户交互,这些设备可能带来的一些潜在问题。虽然不断增加的用户功能促进了移动设备销售量的增长,但就像物联网应用一样,这种销售量的增长也扩大了物联网设备必须防范的"攻击面"。

一些组织在努力部署自带设备(bring your own device,BYOD)计划,在该计划中,用户携带个人设备去工作,这通常会降低成本并提高用户的工作效率,但同时增加了人们对远程网络访问和机密数据保护的担忧。移动设备管理(mobile device management,MDM)解决方案有助于解决其中的一些安全漏洞,但物联网扩大了企业需要应对的安全威胁的范围;一些人甚至认为物联网推动了 BYOD 计划的发展。

更广泛地说,许多消费者和组织仍然缺乏对网络安全问题的正确认识,也不了解如何评估他们所购买的产品的安全性,这使得他们不太可能为获得更高的安全保障支付更多的费用。

网络钓鱼

对于网络犯罪分子来说,网络犯罪仍然是"便宜、有利可图或相对安全的",而网络安全可能是昂贵的、困难的,而且投资回报率不明确。换句话说,正如第 5 章将要探讨的,网络安全的经济性仍然面临考验。物联网设备和服务的部署还将使网络安全风险的管理工作变得更加复杂,因为它拓宽了必须跟踪的供应链的服务范围,创建了必须加以监控的自动化功能和新的相互依赖关系,并使得必须更新和保护的系统和数据成倍增加。正如斯坦福大学的罗伯特·坎农(Robert Cannon)教授所说:"所有能自动化的东西都将被自动化。"

在其他方面,物联网面临的安全挑战不仅包括老问题带来的严峻挑战或老问题的新表现,也包括一种全新的安全挑战。首先,与我们的笔记本电脑和智能手机不同,对于许多物联网设备,我们可能都无法每隔几年就更新换代。尽管最新的技术往往包含最先进的安全技术和功能,但想想我们家中冰箱或恒温器的更换频率吧,那么工厂或医疗机构中资本密集型设备的更换频率自然就更低了。例如,Windows XP 是微软在 2001 年发布的,尽管自 2014 年微软停止了对它的技术支持(从次年开始提供 Windows 10 的免费升级),但截至 2016 年,英国国家医疗服务体系(National Health Service,NHS)的大多数医院的电脑仍在运行 Windows XP。考虑到物联网设备的部署规模和设备安装的成本,定期升级物联网设备是很难实现的。例如,核磁共振成像仪的价格很高,通常每台仪器的价格在100万美元到130万美元之间,定期更换是很难实现的。

此外,物联网设备遭遇网络攻击的后果可能会特别严重,毕竟,"当汽车或输液泵被黑客攻击时,可能会造成人员死亡这样的灾难性后果。"机密性(confidentiality)、完整性(integrity)和可用性(availability)通常被认为是信息安全的三个基本属性,简称为"CIA triad"(CIA 三要素),它们一直是保护计算机系统及其存储、处理或通信信息的核心。它们共同帮助防御者确保计算机系统和数据不会在未经授权的情况下被访问或更改,并确保用户可以在需要时访问系统和数据。这三个要素对实现万物互联来说仍然很重要,其中完整性和可用性的重要性可能相对更明显。物联网技术之所以与众不同,是因为它与我们日常生活世界的物理系统(包括我们的汽车和房屋、医疗设备、电网和管理复杂设备和各种材料的制造设施等)集成在一起。如果其中一些物理系统缺乏可用性,其可能会产生灾难性后果,包括系统死机或长时间停机等。伦敦劳合社(Lloyd's of London)的一项研究估计,在最坏的情况下,网络黑客对电网的网络攻击可能会持续数周并会造成高达 1 万亿美元的损失。施奈尔说:"就物联网而言,完整性和可用性的威胁比机密性的威胁更严重。如果你的智能门锁能被窃听,窃贼因此知道谁在你家里,这是一回事;但如果你的智能门锁能被黑客入侵,窃贼能自己开门或者阻止你开门,那就完全是另一回事了。"

当然,物联网带来的也不全是坏消息。物联网技术确实为潜在改善网络安全提供了一些有意义的机会。首先,物联网是在一个比互联网通信和贸易的早期发展阶段安全意识更强的时代创建的。虽然在 20 世纪 90 年代和 21 世纪初,人们的网络安全意识薄弱,并且为保障网络安全支出的费用一直都很低,但到2010 年,网络安全风险问题已经成为许多大型组织的头号安全威胁。如今,大多数企业和组织都在努力了解如何有效地管理网络风险,并且可以肯定地说,几乎所有企业和组织都在积极关注这一问题。美国联邦调查局前局长罗伯特·米勒(Robert Mueller)曾表示:"我确信世界上只有两类公司:已经被黑客攻击的公司和将会被黑客攻击的公司。甚至这两类公司会逐渐发展为同一类别:曾经被黑客攻击过并将再次遭到黑客攻击的公司。"

促成和管理物联网技术的供应商生态系统是多种多样的,

这使得维护网络安全变得更加复杂,但一些信息技术公司、网络安全公司和保险公司却因此将网络安全保障视为其竞争优势。同样,越来越多的政府也在带头努力,推广最佳实践以确保安全基线措施的实施,这也有助于培养人们的网络安全意识,并且在理想情况下,有可能促进流程优化、提高效率和带动新的投资项目(详见第5章)。

其次,物联网技术及其产生的数据和实现的自动化功能,有推动基于人工智能的安全技术改进的潜力,并有助于大规模、高效率地开展网络安全部署工作。具体来说,"物联网技术可以给人们提供前所未有的详细信息来预测攻击和反击。例如,来自多种类型传感器的信息可以为高级的、自动化的威胁诊断提供数据。"虽然传感器等组件的研发进展可能不如相关营销人员所介绍的那样理想,但企业界和学术界的研究人员基本上都认为,利用人工智能技术来加强网络安全保障将带来好处(虽然同时也会带来挑战)。物联网组件甚至可以学会检测新的漏洞,并在必要时进行自我隔离。由于物联网所涉及的互联性,物联网还可能有助于人们将思维转向全生态策略,其中物联网设备可以"相互合作,为整个生态系统提供适当的安全保障"。智能路由器可以收集并分析相关数据,从而在分散式网络上共享数据分析结果,或者集体识别恶意模式并集体拒绝访问,就像一个自动的、有机的安全运营中心(security operations center,SOC)。在应对各种威胁时,如 DDoS,"利用真正自主的、可自我改进的安全机器人"的方法有助于产生积极的应急行为(即从较小的自我监管的单元发展为更大的系统),以"对抗消极的应急行为"。

总的来说,万物互联对网络安全的影响既有积极的一面,又有消极的一面。为了了解这一影响如何在现实世界中发挥作用,我们接下来将重点关注日益流行的物联网消费产品(如智能灯泡),然后讨论物联网安全领域的发展趋势。

智能灯泡有多安全? 我们为什么要关心这一点?

虽然智能灯泡可以实现远程照明、定制照明和定时照明,但它们也可以为犯罪分子或安全研究人员提供入侵途径;犯罪分子可能会出于恶意入侵物联网设备,而安全研究人员也可能会为了测试他们的技能或提高设备安全性而入侵物联网设备。事实上,后者并不少见。2014 年,一家总部位于英国的网络安全咨询公司的研究人员分享说,他们通过入侵 LIFX 公司的一个智能灯泡,成功地捕获并解密了其 Wi-Fi 证书,并将他们的发现告知了 LIFX 公司,最后 LIFX 公司与该公司合作开发了一个网络安全修复方案。2016 年,加拿大和以色列的网络安全研究人员发现,他们可以使用无人机远程控制飞利浦 hue 智能灯泡,并安装恶意固件(即允许硬件更新的深度嵌入式软件)。这种恶意固件使研究人员能够阻止灯泡完成无线更新,包括任何可能关闭他们远程访问的更新,从而使他们的入侵变得不可逆。研究人员向飞利浦公司报告了他们利用的漏洞,飞利浦公司随后开发并发布了一个补丁来修复这个漏洞。2018 年,另有网络安全研究人员证实,LIFX 公司的另一款智能灯泡没有对其 Wi-Fi 证书加密,所以密码在灯泡的内存中"清晰可读";LIFX 公司再次通过固件和应用程序更新修复了相关漏洞。然而,面对重新发布的补丁,"1/4 的人会在补丁发布的当天安装补丁,1/4 的人会在当月安装补丁,1/4 的人会在年内安装补丁,还有 1/4 的人从不安装补丁",这应该与"行业经验法则"相一致。

虽然这类问题——网络安全研究人员和积极响应的物联网设备供应商之间的合作——并不局限于智能灯泡,但作为一种相对便宜和流行的消费类设备,它是一个有趣的案例。智能

灯泡和其他相对便宜的物联网消费类设备面临的一个重大挑
战是,它们的利润率往往很低,所以供应商通常不会为安全保
障增加成本,即使对购买新的个人电脑和移动设备时会考虑安
全问题的消费者来说,在购买灯泡、相机或数字录像机时,安全
性往往也不是他们首要考虑的问题。虽然越来越多的消费者
可能遇到过电脑崩溃、身份欺诈,甚至勒索软件攻击等问题,但
他们可能没有经历过与不安全的智能灯泡相关的许多负面事
件(即使他们在更广泛的生态系统中已经经历过,他们也可能
意识不到这一点)。正如安全专家布鲁斯·施奈尔所写:

> 我们的个人电脑和智能手机之所以安全,是因为
> 有安全工程师团队在解决这个问题。像微软、苹果和
> 谷歌这样的公司在发布代码之前会花很多时间测试
> 它们的代码,一旦发现漏洞就会迅速修补。这些公司
> 能够支持这样的团队,因为这些公司靠软件赚了大量
> 的钱……而且,在一定程度上,这些公司之间也一直
> 在网络安全问题上进行竞争。但嵌入式系统或家用
> 路由器并非如此。

智能灯泡也并非如此,即使是像飞利浦这样的大型多元化
企业推出的智能灯泡,情况同样并非如此。在 2019 年的消费

者评价中,飞利浦公司和 LIFX 公司都有良好的表现,在单个产品和产品多样性方面都获得了高分。然而,尽管智能灯泡被描述为"不是一种很好的商品",但也是一种"就市场而言,已经接近成熟"的商品。虽然安全性越来越受消费者报告关注(正如第 4 章和第 5 章将要探讨的),但在智能灯泡的产品评论或营销页面中可能仍然没有提及其安全性问题。相比之下,电脑和智能手机的产品评论或营销页面虽然不一定会突出安全性问题,但确实会提及安全性问题。例如,与芯片、生物识别传感器、支付平台、可信平台模块支持相关的安全保障功能,以及产品测试中的安全保障亮点,经常会出现在相关产品评论或营销页面中。

不安全的物联网设备规模化部署将如何产生新的风险?

在现阶段,智能灯泡和其他消费类设备的生产商可能不像个人电脑和智能手机的生产商那样专注于安全性的竞争,因此消费者会在不同程度上自行承担这些不同代设备的潜在风险和后果。例如,2017 年,约有 1670 万美国消费者成为身份盗窃或欺诈的受害者(在网上发生此类身份盗窃或欺诈的可能性比在销售点高 81%），也许总额近 170 亿美元的损失被分摊后，给单个消费者造成的直接财务影响是有限的，但消费者在监控其账户时仍然需要保持警惕，尤其是如果消费者经常网购，其更应予以重视。与此同时，很少有消费者遇到过如"噩梦般"的智能家居场景，比如陌生人的声音像直升机一样盘旋在孩子的上方。事实上，正如 2018 年 12 月的一项研究显示的那样，对于智能家居平台和集成第三方产品的相关安全问题，人们的了解还相当有限，很多问题仍在研究中，甚至在学术界也

身份盗窃

是如此。值得注意的是,研究人员证明,"攻击者可以破坏集成到智能家居平台的低完整性设备或应用程序(如灯泡),并使用例行程序对高完整性产品(如安全摄像头)执行保护操作。"此外,尽管集成和使用物联网设备可能为网络攻击者提供进入用户家庭网络的入口,但很少有消费者经历过特别且立即发生的危险攻击,如智能锁或安全系统被操纵、暖通空调系统被关闭或联网烤箱发生爆炸等。不过,即使这些类型的攻击没有成为主流——短期内也不太可能成为主流,因为网络攻击者更愿意选择其他低风险、高回报的网络金融犯罪,比如偷窃银行凭证,甚至商业机密等(我们希望这些永远不要发生)——不安全的物联网消费类设备也加剧了整个生态系统的风险。

让我们来看看有关美国华盛顿特区交通系统的例子。早在 2013 年,交通部门就对其交通管理系统进行了全面检修,部署了一个由 1300 多个无线传感器组成的网络,为实时拥堵管理、应急响应和城市规划提供准确的数据。不到一年之后,IOActive 实验室的首席技术官塞萨尔 · 塞鲁多(Cesar Cerrudo)在该市的街道上散步,演示了如何从 2 英里外的地方,甚至从一架飞行在 650 英尺①以上的无人机上,入侵已完成部署的交通控制系统。他揭露了供应商 Sensys Networks 公司生产的传感器存在的漏洞,确认通信没有加密,并且入侵者可以在不需要任何身份验证的情况下控制传感器和中继器。这意味着,人们可以通过破坏传感器,向交通控制系统输入虚假数据,从而随心所欲地操纵交通。

再举一个例子,许多物联网摄像头都有硬编码凭证,但许多移动应用程序并不对视频流进行加密。虽然这似乎不太重要,但事实上,由于没有加密,视频流可以让任何人观看,这意味着,在连接到公共网络的手机上观看视频流的人,可以让其他人嗅探此信息,并实时观看该视频流。当物联网摄像头和婴儿监视器供应商 TRENDnet"未能使用合理的安全措施来设计和测试其软件,包括按要求设置摄像头的密码"时,就发生过这种情况。这些设备还以明文形式存储和传输登录凭证,这使得攻击者很容易获取和利用这些凭证。事实上,在 2012 年初,一名黑客利用了这些漏洞,发布了近 700 个摄像头的实时视频链接。不幸的是,TRENDnet 并不是唯一一个因遭受黑客攻

---

① 1 英尺≈0.30 米。——译者注

击而导致信息泄露的公司。许多公司并没有在开始建立新产品线时就考虑网络安全问题,而是经常选择在产品推出之后再来应对网络安全问题。这种情况并不仅仅局限于小公司。例如,耐克的 FuelBand(运动腕带)上都有一个默认的个人识别密码。如果有人知道默认的个人识别密码(这并不难检索),他就可以连接到任何人的运动腕带上去。D-Link 和华硕路由器也有无法更改的默认凭证的后门①。这样的例子不胜枚举。2014 年,法国技术研究所 Eurecom 的研究人员在物联网设备制造商的 123 种产品的固件中发现了 38 个漏洞,其中包括糟糕的加密密钥和可能允许未经授权访问的后门。赛门铁克(Symantec)公司分析了 2015 年市场上的 50 种智能家居设备,发现这些设备都没有强制要求使用强密码或在客户端和服务器之间提供相互身份验证。这一点很重要,因为根据一项研究,"80％的网络入侵都是由滥用或误用凭证造成的。"

不安全的物联网设备导致网络安全风险上升(至少在短期内是如此),与它们在我们的家庭、工作和工业环境中的规模化部署有关。上述介绍的具有默认凭证和安全性能较低的物联

---

① 后门,指有意隐藏在信息系统中的,可以绕过常规鉴别和访问控制机制的程序或方法。——译者注

网设备数量的激增,意味着许多设备可能被外部攻击者破坏,这些攻击者可在设备所有者不知情的情况下控制设备的各种功能,最终形成一个"僵尸网络"或一群"机器人"(即受损设备)。僵尸网络可以被用于邪恶的目的(以及合法的目的),比如散布垃圾邮件、大规模窃取凭证,或者用流量攻击目标服务器使其无法工作(如 DDoS 攻击)。许多设备无法从僵尸网络中释放出来,因为它们无法得到修补,在某些情况下,这往往是因为预算紧张,没有足够的空间来更新操作系统内核(通常基于 Linux);在其他具有挑战性的情况下,这可能是因为制造商破产或不再支持过时的系统(如 Windows XP)。此外,设备所有者和运营商有时甚至可能不知道他们的路由器、摄像头、灯泡或其他设备是僵尸网络的一部分(因此也不知道需要更改他们的凭证——如果可能的话),因为用户与物联网的交互方式,跟他们与个人电脑的交互方式不同;遭受病毒感染的个人电脑经常会出现故障、速度变慢或向用户发送通知,但物联网设备"与用户进行的直接交互很少"。因为作为活跃僵尸网络的一部分并不会"明显影响"某些物联网设备的性能,"普通用户甚至没有理由认为他们的网络摄像头⋯⋯可能是活跃的僵尸网络的一部分"。

到目前为止,最臭名昭著的物联网僵尸网络之一是前言中介绍的 Mirai,该僵尸网络于 2016 年首次出现,至今仍在运行(一些设备继续受到感染,攻击者也做出调整并继续使用不同版本的 Mirai 软件)。Mirai 恶意软件通过扫描互联网上受默认用户名和密码保护的系统,已经控制了数万台安全性不高的物联网设备,包括安全摄像头、数字摄像机和路由器等。(僵尸网络源代码中只有 68 组用户名和密码,其中许多被数十种产品使用。)2016 年,Mirai 僵尸网络受到了极大的关注,这很大程度上是因为它对 Dyn 公司进行了极大规模的 DDoS 攻击,Dyn 公司是互联网域名系统基础设施的重要供应商,这次攻击导致了美国东海岸大部分地区无法访问互联网,并导致 Etsy、Netflix 和 Twitter 等主要网站瘫痪(即使这不是恶意软件制造者的初衷)。对 Dyn 公司这样的供应商来说,DDoS 攻击是"一种特别有效的攻击类型",因为恶意流量的浪潮是由"用户反复点击刷新来唤醒不合作的页面"造成的,这进一步导致带宽超载。此外,这种类型的攻击强调了"域名系统对维持稳定和安全的互联网平台是多么重要"。僵尸网络也可"杀死"它们控制的设备[如恶意软件 BrickerBot,因其让设备变成"砖"(brick)而得名],并曾被恶意用于关闭芬兰两座建筑的供暖系统。

如果我的手机能够控制数据采集与监控系统，我真的能让整个城市的灯都熄灭吗？

除了与互联家庭平台或僵尸网络相关的问题外，与物联网相关的一些安全问题尤其重要，因为实际联网且具有潜在风险的设备不仅包括家庭门锁、汽车和医疗设备，还包括数据采集与监控系统等。2015 年，《连线》杂志记者安迪·格林伯格（Andy Greenberg）分享说，他曾自愿成为两名安全研究人员的"数字碰撞测试假人"，以测试嵌入在一辆吉普自由光（Cherokee）车上的一个软件漏洞。当安迪在圣路易斯外的一条高速公路上行驶时，安全研究人员远程控制了汽车的空调、收音机、挡风玻璃雨刷和变速器。2016 年和 2017 年，美国强生公司（Johnson & Johnson）的胰岛素泵、Owlet 公司的婴儿心脏监护仪、圣犹达（St. Jude）医疗设备公司的植入式心脏起搏器和除颤器（用于控制心脏功能和预防心脏病发作）均被报道存在安全漏洞。

数据采集与监控系统也一直是安全研究人员和恶意行为者的目标。在 2016 年，研究人员不仅描述了对数据采集与监控系统和工业控制系统的攻击是如何出现的,还描述了他们如何创建"蜜罐技术"来了解日益增长的攻击趋势。他们的蜜罐系统遭受了超过 1000 次的攻击未遂,这些攻击范围较广,从简单的侦查行为到更复杂的行为,包括关闭目标控制系统等。同年,美国司法部宣布了对 7 名伊朗人的指控,起因是他们发动了一系列攻击,其中包括对控制纽约州拉伊市鲍曼大坝(Bowman Avenue Dam)的数据采集与监控系统的攻击。在能源领域这类攻击特别多,如在勒索钱财的同时摧毁电力设备、破坏铀浓缩设施、威胁要在石化工厂制造爆炸、拆除安全系统等。在 2015 年和 2016 年,有黑客攻击了乌克兰的能源网,并远程控制了乌克兰电力部门的数据采集与监控系统。有 20 多家美国电力公司也曾受到类似的攻击。2014 年,美国网络司令部负责人承认,已追踪到有能力"摧毁运营美国电网的控制系统"的攻击者入侵美国突发事件应急指挥体系(Incident Command System,ICS)。2017 年,赛门铁克公司的报告称,黑客对能源网的攻击呈上升趋势,包括那些旨在访问操作系统的攻击。根据相关报道,早在 2018 年,曾有俄罗斯黑客入侵美国能源网和其他关键基础设施,并"放置了为关闭电源而必须放置的工具",这明显不仅仅是进行侦察行动,因此,美国政府对入侵者实施了制裁。

换句话说,通过远程控制数据采集与监控系统,恶意行为者可能会关闭整个城市的灯,研究人员、安全公司和政府都表示,网络攻击者正越来越关注这类场景。此外,2018 年,IOActive 和 Embedi 公司的研究人员发布了一份报告,概述了用于管理数据采集与监控系统或与数据采集与监控系统进行交互的 34 个谷歌移动应用程序中存在的 147 个网络安全漏洞。研究人员解释,"如果攻击者能识别出这些移动应用程序中的漏洞并加以利用,那么他们就可能扰乱工业流程或破坏工业网络基础设施,或导致数据采集与监控系统操作员无意中对系统执行有害操作。"换句话说,如果移动应用程序中存在的漏洞被攻击者利用,可能会对操控工业控制系统的数据采集与监控系统造成可怕的后果,包括维持电力供应的能源网。

正如将在第 7 章中进一步探讨的那样,阻止此类攻击是困难的,最终,我们要么通过增强网络安全措施来拒绝恶意访问,要么通过拥有足够的攻击能力来抵御网络攻击。换句话说,正如西方的一句谚语所说:"如果你住在玻璃房子里,就不要朝别人扔石头。"在物联网世界里,我们就像生活在玻璃房子里一样,随着物联网的发展,我们手里的石头在不断变大,但我们不能因此去攻击他人,因为如果这样,最终我们自己也会受到伤害。

一些较大的科技公司和行业团体在物联网安全方面做了哪些工作?

物联网面临的安全威胁和潜在后果,从给人造成不便到真正令人恐惧的威胁和后果比比皆是,但未来并非完全黯淡无光;物联网安全性仍有机会得到提高,因为部署安全防护措施有助于提高其安全性。一系列的供应商将为提高物联网安全性做出贡献,包括专注于物联网解决方案的网络安全初创公司,以及像思科公司这样成熟的网络解决方案供应商。思科公司可以"直接在网络基础设施中部署安全技术,所以人们可以将他们使用的物联网网络作为安全传感器和执行器"。此外,该公司还可以提供其他产品和服务。事实上,提高物联网安全性需要在物联网生态系统中扮演各种角色的供应商做出改进,包括硬件制造商和集成商、软件解决方案开发商、物联网解决方案部署者和物联网解决方案供应商等。在物联网生态系统中,云服务提供商处于一个特别有趣的位置,可以影响物联网安全。云服务器经常与物联网设备、应用程序和其他提供物联网解决方案的软件交互,有时充当物联网网关。

全球领先的云服务提供商,如亚马逊网络服务(Amazon Web Services, AWS)、微软、阿里云(Alibaba Cloud)和谷歌云(Google Cloud),都将安全集成到其物联网平台中。阿里巴巴和谷歌基于云服务的物联网平台都提供设备认证和设备与物联网平台之间的加密通信。AWS IoT Core(物联网核心套件)服务允许用户安全地将设备连接到云端和其他设备,包括通过

云服务

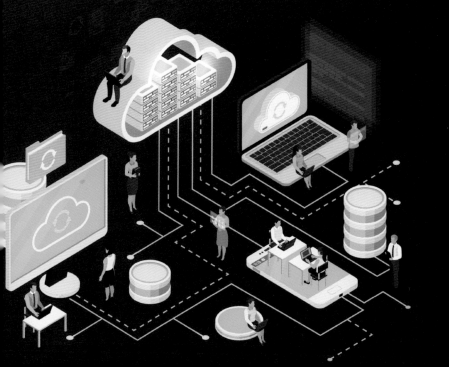

端到端加密、认证和授权控制以及审计日志记录等方式。此外，AWS IoT Device Defender 服务提供的是一项"全面管理的物联网安全服务"，可使用户持续监控其设备，对设备的任何异常行为发出警报，并提供减少安全问题的行动建议。微软推出的 Azure IoT Hub、Azure IoT Edge、Security Center（安全中心）和 Azure Sentinel 等网络安全解决方案还提供了认证、授权、加密功能，对安全态势和问题的持续监控，威胁检测，改进安全性的行动建议，以及常见事件响应任务的自动化等安全服务。2018 年，微软还推出了 Azure Sphere，这是一种用于创建高度安全的联网微控制器设备的解决方案，具有定制的Linux 操作系统和内置的安全服务，可以进行远程更新，最终帮助制造商、部署者和运营商实现安全流程的自动化。换句话说，根据设备制造商的说法，Azure Sphere 采取了一种全面的方法来解决每一层级的安全问题，而不是采取拼凑的方法来实现网络安全。尽管如此，与其他所有解决方案一样，这一解决方案仍然存在缺点，比如人们对停机时间、安全性、隐私、有限控制和灵活性等问题存在担忧。

除了产品和服务的开发，公司和行业团体也在努力确定哪些设计元素、特征和功能对物联网安全解决方案至关重要，特别是考虑到在安全方面的投入利润率较低,在某些情况下,物联网设备的生产商在产品的安全差异化方面投入大量资金的动力很有限。例如,Azure Sphere 的构建是为了满足高度安全设备的七个特性,每一个特性都是由微软一个小型研究团队确定的,该团队在 2015 年开始探索如何确保由微控制器驱动的设备的安全。2018 年,一家无线行业协会宣布了一项针对蜂窝联网设备的网络安全认证。2019 年,位于华盛顿特区的一些行业联盟公布了一项旨在为安全互联设备制定跨行业指导方针的计划;软件联盟(Software Alliance)宣布了其安全软件框架,帮助正在将软件集成到其设备的行业评估软件安全性。还有更多行业组织在技术方面做出努力,包括像可信计算组织(Trusted Computing Group,TCG)这样的行业标准组织,它将帮助验证软件更新。

安全研究人员这样的专家扮演了什么角色?

本章提到了"安全研究人员",他们发现物联网解决方案中的漏洞、测试漏洞,并使用蜜罐技术来了解攻击者的行为。长期以来,这些研究人员在提高信息技术产品和服务的安全性方面一直发挥着关键作用,阿里巴巴、亚马逊、苹果、脸书、谷歌、IBM(国际商业机器公司)、英特尔、微软、三星等众多大型信息技术公司都收到了这些研究人员提供的潜在漏洞报告,并根据需要开发补丁或找出应对措施。这个过程有时被称为"漏洞协同披露",或者仅仅是漏洞披露。多年来,各行业都在安全领域投入了大量的精力来促进安全研究人员和供应商之间的合作,以减少物联网产品和服务中的漏洞。全球网络专业知识论坛(Global Forum on Cyber Expertise, GFCE)和欧盟委员会(European Commission)等机构也致力于在各国政府之间推广最佳实践,为漏洞披露计划和安全研究人员的漏洞披露创造有利环境。

在物联网环境下,这种合作变得更加重要,因为越来越多的供应商管理着带有漏洞的产品和服务,并且与大型科技公司相比,面对来自外部专家的硬件或软件漏洞报告,这些供应商往往缺乏资源和专业知识。实际上,和 Bugcrowd 公司一样,漏洞众测公司 HackerOne 也在致力于帮助促进安全研究人员和供应商之间的合作,以解决漏洞问题。HackerOne 有记录称,尽管卡特彼勒(Caterpillar)、美敦力和沃尔玛(Walmart)等许多非传统科技公司都有漏洞披露政策,但在 2017 年《福布斯》全球企业 2000 强榜单上,93％的企业都没有漏洞披露政策。如果没有漏洞披露政策或至少一个安全联络窗口,安全研究人员可能很难向供应商的相关人员报告漏洞。而如果安全研究人员能够分享他们发现的漏洞信息——就像他们对吉普自由光和被黑客入侵的智能灯泡所做的那样——这些漏洞就可以得到修复,从而更好地保护消费者和基础设施。

正如本章所展示的,物联网系统中似乎存在着源源不断的网络安全漏洞,而我们只是触及了其中很小的一部分。例如,2017 年,美国国土安全部(Department of Homeland Security,DHS)证实,远程入侵一架波音 757 是可能的。打印机也曾被入侵,考虑到 3D 打印机和生物打印机的兴起,这可能会产生各种各样的生理学和医学后果。正如施奈尔解释的那样,"一切都在变得脆弱……因为一切都在变成计算机。更具体地说,是连接到互联网上的计算机。"这是一种具有挑战性的情况,因为与此同时,外部对这些系统的攻击也在变得更强。坦率地说,过去,物品里面嵌有计算机,而现在它们是被其他设备连接的计算机。因此,最终会出现这样的情况,"说'我要上互联网',就类似于给烤面包机插上电源,说'我要上电网'一样",互联网连接将无处不在。我们即将走向一个高度互联的世界,在这个世界里,互联网的普及会让人们对隐私及其未来有更多了解。

4 万物互联中的隐私保护

与安全性一样,在新兴的万物互联中,如何更好地界定隐私权的范围引起了人们广泛的关注。在这样一个我们的智能恒温器可能比亲密的朋友更了解我们的环境下,我们应该如何定义"隐私"? 在这种环境中,隐私还有可能存在吗? 或者,也许更令人不安的是,我们还在乎隐私吗? 本章将深入探讨在联网设备无处不在的世界中出现的无数隐私问题。我们从定义21世纪科技领域隐私权这一基本而艰巨的任务开始,继而思考科技是如何改变并将继续改变我们对这种"脆弱商品"的看法的。我们探讨了这一改变对伦理和人权的影响,然后将在第5章中讨论从萨克拉门托到布鲁塞尔的一些主要政策制定者,他们是如何帮助我们在一个隐私逐渐成为例外而非规则的世界里保护我们的隐私的。

什么是隐私?

隐私作为一个概念,就像人们渴望远离旧石器时代的喧嚣、享受某种程度的独处一样古老。从许多方面来说,人们想要享受独处的这种需求在当时更容易满足,因为那时的世界充满了未经开垦的荒野。事实上,据估计,直到19世纪初,全球人口才开始超过 10 亿。因此,关于隐私权的法律界定的第一次争论可以追溯到这个人口爆炸性增长的时代,这也许不是偶然的。

在 19 世纪和 20 世纪之交,世界上不仅突然有了更多的人,而且由于工业革命,人们似乎拥有了数量多得惊人的小玩意,这些小玩意比以往任何时候都更容易侵犯人们的隐私。对许多富裕的国际精英,包括两位分别名叫塞缪尔·D. 沃伦(Samuel D. Warren)和路易斯·布兰代斯(Louis Brandeis)的律师来说,这些发明中最令人不安的是量产的相机。

想想 1899 年夏天的场景吧,当时在美国罗得岛(Rhode Island)的纽波特海滩上,到处都是度假的狂欢者,他们在享受着游艇、网球场以及属于他们的隐私。而在这个与世隔绝的世界里,出现了一种新型记者(所谓的"柯达恶魔"),他们配备了一种强大的新型图像捕捉工具,这让那些度假的人非常懊恼。事实上,形形色色的公众人物都被越来越普遍的照相机弄得心慌意乱,其中包括美国前总统西奥多·罗斯福(Theodore Roosevelt),他以惩罚一个敢于在他离开教堂时拍照片的男孩而闻名,他说:"你应该为自己感到羞耻……在一个人离开教堂的时候给他拍照,真丢脸!"

　　沃伦和布兰代斯在他们具有开创性的文章《隐私权》中赞同了罗斯福的观点,他们写道:"即时摄影与报业已经侵入了私人和家庭生活的圣地,无数的机械装置威胁着要实现'壁橱里的窃窃私语会从屋顶传出来'(即'悄悄话会被公开')的预言。"与固有的财产权不同,沃伦和布兰代斯将隐私权视为"独处权"。在接下来的几十年里,美国法院解释了这个概念,最终一项宪法规定的隐私权"诞生"了。尽管"隐私权"一词从未出现在美国宪法中,但这一权利为美国最高法院在罗伊诉韦德案和

图像捕捉工具

劳伦斯诉得克萨斯州案等具有开创性意义的案件中的裁决铺平了道路。随着时间的推移,美国法院创设了三条隐私链,包括:(1)决策隐私(如关于生育等问题);(2)保密;(3)在刑事背景下对隐私的合理预期。

到了21世纪,隐私已经成为一个广泛的概念,包括思想自由、身体完整性、独处、信息完整性、免受监视的自由,以及对名誉和人格的保护等。尽管如此,对于隐私权的界定,人们的看法还是大相径庭,包括是否应将其视为一项财产权(例如,脸书等公司是否应为用户的个人信息付费),尤其是在当前的信息时代,我们应该如何更新隐私的核心概念。这场辩论的一个关键方面围绕着从信息收集(监视)和信息处理(不安全)到信息传播(披露、歪曲)和信息入侵可能产生的无数隐私损害展开,正如彼得·索洛夫(Peter Solove)教授所描述的那样,上述每种隐私损害都需要独特的政策来回应解决。然而,消费者也能从相关服务中享受到各种各样的好处,包括免费的、个性化的、方便的搜索引擎和社交媒体,就其性质而言,这些服务都需要一定程度的个人信息来进行适当的定制。事实上,尽管消费者对此充满期待,但愿意为私人产品和服务支付更多费用的人相对较少,在接受调查的美国成人中,只有大约一半的人相信社交媒体网站或政府会保护他们的数据。我们将看到,在平衡这些服务的成本和效益方面,目前人们正在取得一些进展。例如,尽管美国国会在制定新的保护措施方面一直停滞不前,但《2018 加州消费者隐私法案》等的颁布激发了民间社会、相关行业和政策制定者制定新措施的兴趣。但在美国的这些努力中,还没有一项努力能与欧洲人所享有的或其他超过 100 个国家已经制定或正在制定的类似综合隐私法规定的那种全面的隐私权保护相提并论,如 2018 年欧盟的《通用数据保护条例》(General Data Protection Regulation,GDPR)。

信息监视

　　不断发展的物联网让许多人质疑,沃伦和布兰代斯对隐私权的界定在 21 世纪是否仍然适用。甚至在一个智能设备无所不在的时代(这些智能设备不仅可以拍摄你的照片,而且可以记录你日常生活中最私密的时刻),"独处"还有可能吗? 如果不可能,那么技术或法律是否应该做出改变以反映这一新的现实呢? 正如亨利·戴维·梭罗(Henry David Thoreau)所说:"我觉得经常独处使人身心健康。与人为伴,即使是与最优秀的人相处也会很快使人厌倦。我好独处,迄今我尚未找到一个伙伴能有独处那样令我感到亲切。"

科技是如何改变我们对隐私的看法的?

　　科技的进步正在促使世界各地的人们重新思考隐私权的边界。例如,无论是通过媒体、私人调查、公共场所监控还是监视,如今科技使人们比以往任何时候都容易打破日益透明的隐私面纱。我们周围的智能音箱在听从我们的指令(而这些录音可能会被监听),闭路电视摄像头在监视着我们的一举一动,智能手机在关机的情况下甚至也可能在录音。这样的一个世界让一些人认为"隐私已死",而我们所能期待的最好的情况,是由谷歌和脸书这样的公司策划的一种"群体隐私"。正如"互联网之父"文顿·瑟夫所感叹的那样:"隐私实际上可能是一种反常现象。"其他人,如艾伦·威斯汀(Alan Westin)教授,则推翻了这种奥威尔式的结局,更务实地将"隐私"定义为"个人的主张……自己决定在何时、通过什么方式以及在多大程度上向他人传达有关自己的信息"。在这种定义下,通过将隐私等同于控制,人们产生了"隐私带来自由"这样的观念,从人权的角度来看,这可能是适当的,但是个人喜好和文化的不同推动了对

公共场所监控

隐私权的不同解释,因此这远不是一个普遍的定义。退一步说,这种差异使制定决策更具挑战性。

不管怎样,在信息时代,法律本身是推动实现保护隐私这一最终目标的必要力量,但仅靠法律还不够。与此同时,科技确实可以让用户匿名化更容易,同时也使得消费者可以从比以往任何时候都更广泛的产品中进行选择,甚至不必离开他们的私人住所。因此,最好将科技视为既是一把利剑又是一个盾牌的存在,以抵御过度入侵的世界。例如,美国国家安全电信咨询委员会认为,"物联网使得人们对实现端到端的安全、弹性生态系统的方法有了新思考,在这种方法中,系统可以以分布式方式自动做出决策。"

尽管如此,在万物互联中,个人对自己的隐私有多大的控制权,以及如何最好地保护剩下的那一小部分权利,都还有待观察。在一个数十亿人愿意牺牲个人隐私以参与爆炸式发展的社交网络的时代,脸书面临着来自政策制定者和其部分用户的一波又一波批评。这些批评一度导致该公司放弃了修改用户协议的提议,这将加大保护私人信息的难度。然而,在剑桥分析丑闻(据报道,有超过 8700 万脸书用户的私人信息被收集,用于影响美国选民的行为)等事件之后,正如英国议会所说,脸书的行为就像"数字黑帮"。而做出这种事情的并不只有脸书这一家公司。例如,谷歌拥有的个人用户数据量(据一位研究人员称,相当于400万份Word文档的数据量),是被称为"万物皆网络"的脸书的十倍之多。虽然有些人希望促进言论自由,甚至不惜牺牲自己的隐私,但其他许多人则不然。尽管如此,美国现行法律制度往往依然以牺牲隐私为代价,以最大限度地扩大言论自由。正如脸书和谷歌的传奇故事所体现的那样,关于如何在数字世界中最好地保护隐私以及何时保护隐

社交网络

私的辩论,正在世界各地的法庭上展开,而结果却大相径庭。

许多用户仍然对主流互联网平台的数据收集做法漠不关心。例如,皮尤(Pew)调查显示,在美国,有88%的18~29岁的受访者和78%的30~49岁的受访者在使用社交媒体,但其中只有9%的受访者表示他们对这些社交媒体公司会充分保护他们的数据"非常有信心"。但需要指出的是,美国人对美国联邦政府的信心也没有高出很多,只有12%的美国人对美国政府保护自己信息的能力"非常有信心",在美国联邦人事管理局(Office of Personnel Management, OPM)数据泄露和其他最近备受关注的数据泄露事件发生之后,这一数字可能并不太令人惊讶。正如社会学家罗伯特·默顿(Robert Merton)所说,如果没有隐私,"遵守所有社会规范的细节(并且经常是相互冲突的)的压力,将变得难以忍受。"在这个概念中,隐私的主要敌人是社会,尤其是一个人们充满好奇心、强烈奉行言论自由的社会。社会规范越具侵略性,科技越先进,隐私可能就越少。但是,那又怎样呢?这样的观点是以人们仍然关心他们的个人隐私为前提的,这就引出了下一个问题:我们的隐私值多少钱?

你的隐私值多少钱？

让一家公司不受限制地使用你的智能手机，你会开价多少？对 13～25 岁的美国人来说，答案是每月 20 美元。据科技博客 TechCrunch 报道，选择在苹果手机或安卓设备上下载一款名为"Facebook Research"的应用程序的用户，就会得到这样一笔报酬，作为交换，该应用程序"监控他们的手机和网络活动"，并将数据发送回脸书。该应用程序在苹果公司提出反对意见后被下架，苹果公司的理由是该应用程序提供的服务违反了其数据收集准则，而脸书后来对此理由表示反对。

或许令人惊讶的是，每月 20 美元的价格可能是对私人数据价值的过高估计。自 2013 年以来，英国《金融时报》推出了一款计算器，允许任何人"测算"自己私人信息的价值，此举旨在让人们对不透明的数据经纪行业有所了解。计算器可能只是粗略地估算，但它确实提供了一些关于信息类型的见解，这些信息使你作为技术平台及其客户（如广告商）的数据主体或多或少有些价值。例如，如果你订婚了、怀孕了，或者有了孩子，那么考虑到你将要花在蜜月、尿布和日托服务上的钱可能大得惊人,这会让你受到各种公司的关注。同样地,和定期锻炼一样,拥有一套房子会让你的数据档案价值增加大约0.1美元。购物习惯,包括各种忠诚度计划在内的会员资格是另一个重要指标。不过,所有这些加起来也并没有增值多少。从测算结果来看,你的数据档案可能只值 0.4 美元而已。

尽管如此,这些小的数字全部累加起来也确实是较大的数字了,特别是考虑到收集的数据量如此之大。美国联邦贸易委员会推测,一个特定的数据经纪公司可能拥有几乎每个美国消费者的 3000 多个"数据段"。这个行业的价值很难计算,但可能是巨大的,因为据报道,随着时间的推移,一个品牌的电子邮件地址的平均价值是 89 美元。例如,2012 年,数据经纪行业的收入约为 1500 亿美元。总体而言,我们的数据价值数万亿美元,因为它正在推动世界上一些大公司的发展,包括谷歌和脸书等。简单地说,如果不是因为美国对个人隐私保护的松懈态度,这些公司就很难以现在这样的规模存在了。例如,亚马逊公司利用用户的搜索历史来推荐产品,而 Netflix(奈飞)公司则依靠用户数据分析来决定演员阵容。诚然,要打造一个让美国人享有与欧洲人相同的隐私保护权的世界,有些服务将不会再是"免费"的了,那么随后相关的问题就出现了,即以目前的形式来维持这些服务,其价值是多少。

在反思"谁应该拥有用户的数据"的问题上,至少有三个答案选项是显而易见的——用户自己、公司及政府。正如我们将看到的,相对于美国等其他司法管辖区,欧盟的用户对其数据享有更多的隐私保护。在美国,并不是所有的私人数据都被给予平等的保护,例如,与针对某人 IP 地址的保护措施相比,为保护金融和健康信息而内置的保护措施就更强大。不过总的来说,在美国,企业在收集数据方面相对自由,基本上不受政府

数据分析

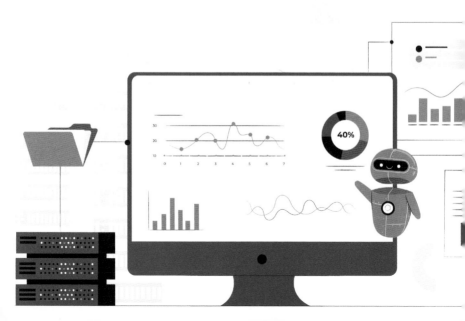

监管。这种情形与斯坦福商学院的研究人员最近发布的一份报告背道而驰,该报告认为"应该是用户个人而不是公司拥有使用用户的数据的权利,应该是用户个人而不是公司能够在自己认为合适的时候出售用户数据"。这些观点推动着我们朝着承认隐私权是一项基本人权的方向前进,这项基本人权在本质上是无价的。

隐私权存在吗?　这个问题和我的脸书个人资料有什么关系?

2017 年末,人们发现,由于美国征信机构 Equifax(艾可飞)公司一系列失败的管理举措,大约一半的美国人的个人身份信息(personally identifiable information,PII),包括姓名、出生日期和社会保障号码等信息被盗。此后不久,有消息称,民营的剑桥分析公司收集了超过 8700 万脸书用户的信息。作为回应,脸书创始人兼首席执行官马克·扎克伯格(Mark Zuckerberg)被要求在美国国会作证,说明保护脸书超过 22 亿用户的网络信息安全和隐私的重要性。世界各地的人们和政策制定者越来越意识到科技公司在日常生活中的力量。因此,他们对这些公司的期望正在发生变化。例如,许多人现在期望隐私权能够作为企业社会责任的一部分,甚至作为一项人权得到保护。

值得称道的是,自从最近的一系列失误被曝光以来,脸书已经开始采取一些行动了。扎克伯格承诺,公司将对全世界所有用户实施与欧盟《通用数据保护条例》一样的隐私保护,但该公司随后采取措施,将超过 15 亿用户的账户从欧洲服务器上移出,这显然是为了规避同样的隐私保护条例。脸书被一些报道认为是同俄罗斯进行的"军备竞赛"的一种新武器,被人用来介入选举活动,这也将要求美国政治选举者在未来的选举周期中提供更高的透明度,不过脸书正与研究人员合作,以更好地了解其在选举中的作用。

但正如美国联邦贸易委员会在 2019 年对脸书处以 50 亿美元罚款所示,在美国国会和欧洲仍有一些人认为脸书做得还不够。例如,欧洲数据保护主管乔瓦尼·布塔雷利(Giovanni Buttarelli)就认为,脸书将其用户视为"实验小白鼠"。他们认为,必须采取更多措施,以确保脸书用户的网络安全和隐私权得到尊重。

换句话说,仅仅建立人与人之间的联系是不够的。的确,访问互联网本身就是一项新兴的人权。扎克伯格已经迫不及待地接受了这个观点,他的公司正计划与剩下的尚未接触过互联网的 50 亿人建立联系。当然,这也会使脸书在西方发展停滞之际新增更多的用户。全球舆论似乎以压倒性的多数同意了访问互联网应是一项基本人权这一观点,但随之而来的权利和责任问题,包括隐私和网络安全问题,仍有待商榷。

然而,人权法本身不足以解决这些问题。正如杰弗里·罗森(Jeffrey Rosen)教授所说:"保护隐私权的问题现在是如此令人生畏,以至于不能单靠法律来解决,而是需要综合运用法律、社会治理和技术等手段来解决。"和联合国的《世界人权宣言》(Universal Declaration of Human Rights)一样,《公民权利和政治权利国际公约》(International Covenant on Civil and Political Rights,ICCPR)也包含了关于保护隐私权的规定,但缔约方逃避条约责任的情况并不少见。而在数字时代,澄清隐私权的努力也一直存在争议。例如,联合国大会在 2013 年底就这一议题采取了行动,在美国国家安全局对美国盟国进行监听的丑闻("监听门"事件)被曝光之后,德国和巴西牵头起草了一项联合国大会决议,呼吁保障各国民众"数字时代的隐私权",最终联合国大会通过了这项共识性决议,该决议呼吁把包括隐私权和言论自由在内的人权扩大至网络空间。这一举动与联合国人权事务高级专员办事处在 2011 年的声明产生了共鸣,即人权无论在线上还是线下,都是同样有效的。联合国人权理事会在 2012 年、2014 年和 2016 年分别强化了这一立场。在 2015 年 11 月,由世界上一些主要经济体组成的二十国集团也同样表示支持隐私保护,包括数字通信领域的隐私保护。然而,并非所有国家都对此表示认可。

例如,一些作者在《斯坦福国际法杂志》上发表的一项研究,调查了 34 个国家的国家网络安全战略,以确定这些国家是如何从政府最高层面界定网络安全和实施网络安全保障措施的。特别是,它研究了网络安全所涉及的各种人权(如隐私权)。在接受调查的国家中,只有土耳其和马其顿两个国家认为,人权是构建网络和平不可或缺的组成部分。在这些战略之间存在共性的其他领域,包括 16 个国家(47%)提到的"公民权利",以及 7 个国家(21%)广泛讨论的"公民自由"。相比之下,这些国家中有 21 个国家(62%)讨论了在加强国家网络安全态势的同时保护隐私的必要性。这样的统计数据让人想起本杰明·富兰克林(Benjamin Franklin)的著名评论:"那些为了得到一时的安全而放弃永久自由的人,既不配得到自由,也不配得到安全。"这些数据的总结如图 4.1 所示。

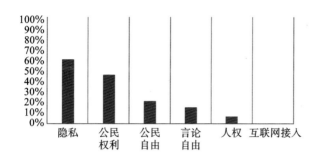

图 4.1　国家网络安全战略调查中的人权待遇

资料来源：2019 年发表在《斯坦福国际法杂志》上的文章《网络安全应该是一项人权吗？探讨网络和平的"共同责任"》

这些战略的内容也随着时间的推移而变化。例如，截至 2018 年，有 44 个国家讨论了隐私在其国家网络安全战略中的重要性，这表明自 2014 年以来，参与讨论的国家数量的占比下降，但总体呈上升趋势。然而，在同一时期，其他互联网自由趋势似乎发生了逆转。例如，尽管有 34 个国家讨论了更广泛的"自由"概念，但只有澳大利亚专门讨论了言论自由在其国家网络安全战略中的重要性。

民间社会和私营部门，包括脸书等主要互联网平台，可以通过使国际隐私法现代化，来为实现网络安全这一努力注入新的活力。脸书还可以要求其供应商和合作伙伴为用户及用户信息提供世界级的网络安全保护。简而言之，它可以引领一场顶级的全球竞争，并在此过程中促进网络和平。它与其他技术公司的合作（诸如各大科技公司联合签署《网络安全技术协议》的努力）也将使促进网络和平的尝试更有可能取得成功。作为2019 年初"以隐私为中心"（pivot to privacy）的一部分，脸书将从"全球城镇广场"（global town square）模式过渡到"数字安全'客厅'"（digitally secure living room）模式，在后一模式中，脸书可能会开始披露其网络安全和数据隐私措施，并将此作为其综合企业报告的一部分。而另一个合乎逻辑的计划是，脸书向用户提供付费订阅选项，从而使用户完全拥有选择权，如用户付费，脸书便不会将他们的个人数据打包并用于广告销售。然而，这就产生了另一个伦理问题，因为不太富裕的人将负担不起他们的数据保密费用却仍需要继续使用脸书。解决这个问题的主要方法是改变这种关系，让脸书为用户的数据付费。例如，美国国家科学院估计，平均下来，每个社交媒体用户每年的网络数据价值约为 9 美元。

拟议新法律也会有所帮助。例如，美国参议员提出的新法案《终止边缘提供商网络违法行为的客户在线通知》（CONSENT Act）将要求收集数据的社交网络，在"使用、共享或出售任何个人信息"之前，必须获得用户的明确同意。美国联邦贸易委员会将执行这些规定。立法者可以更进一步让美国联邦贸易委员会对数据泄露行为处以更高的罚款,让平台承担托管非法信息的责任,甚至要求企业建立类似于大学的道德审查委员会。美国国家标准与技术研究院也通过其标准制定机构来协助这项工作,如开发新隐私框架,这一框架与将在第5章讨论的同样由美国国家标准与技术研究院开发的网络安全框架类似。经济合作与发展组织发布的《关于隐私保护和个人数据跨境流动的指南》也具有影响力,因为它解决了隐私权和言论自由之间的平衡,为人们在这些问题上达成全球共识奠定了基础。

数据泄露

美国《人物》杂志的创刊总编辑理查德·斯托利（Richard Stolley）曾将隐私描述为"脆弱的商品"，这个比喻很有名，也略带讽刺意味。这种我们委托给脸书的"商品"一旦破损，就很难修补了。扎克伯格告诉美国国会，他理解这一事实，他的公司需要重建用户的信任。如果脸书宣布支持保护用户的隐私和数据安全，并将其视为与互联网接入权类似的不可剥夺的人权，在世界各地的政策制定者站出来发表意见之前，这可能有助于该公司在重建用户信任方面有一个好的开端。

物联网如何影响有关大数据和数字隐私的政策讨论？

在保护我们的隐私方面，我们对已经联网的数十亿互联网设备有多大的控制权呢？例如，研究人员在2018年发现了亚马逊智能语音服务 Alexa 的一个漏洞，该漏洞允许调查人员使用设备"录制和转录私人对话"。类似的还有关于谷歌和苹果的智能音箱的报道，据报道，这些设备只在听到"嘿，谷歌"（Hey, Google）这样的提示后才启动语音，但尽管这些设备在某些方面比个人电脑和智能手机更安全，它们仍然可能受到攻击，特别是受到有着雄厚资源和耐心的攻击者攻击，从而对我们造成威胁。

在大数据(例如,经常涌入各组织的大量结构化和非结构化信息)和数据隐私领域,物联网给人们带来了独特的挑战,因为许多遭受自动化监控的人没有意识到自己所面临的风险。大量的设备和传感器正在深化这些"大数据池",在创造一系列商机的同时也威胁到个人隐私安全,据估计,到 2025 年,全球将部署超过 2000 亿个智能传感器。这种前所未有的实时监控正迫使监管者和政策制定者考虑如何更好地保护消费者这一问题,我们在第 5 章会再次提到这个话题。

大数据有三个主要特征:量大、多样化和速度快。尽管这些特征描述并不是很精确,但它们强调了物联网在多大程度上助长了创建更强大的数据集的浪潮,而这些数据集反过来又促进了一系列机器学习和人工智能应用的发展。尽管这也为消费者带来了无数好处,但大量的数据被廉价收集及随之而来的数据安全问题令人担忧。在 2015 年的一项调查中,87% 的互联网用户对被收集的个人信息的类型表示担忧。从美国征信机构 Equifax 公司到万豪酒店,大量公开的数据泄露事件让人们认识到,数据隐私和个人数据控制所带来的威胁日益突出。推动数据隐私改革的一个关键组成部分是标准化,它涉及在技术开发和数据存储过程中,创建和强制实施一个认证过程。目前,个体公司经常尝试认证自己的设备,这就产生了一个广泛的保护级别。从消费者报告到欧盟,各个组织都在努力使这类认证标准化,在第5章会对此进行讨论。然而,除了保护数据隐私之外,大数据的收集还引出了另一个紧迫的问题:围绕物联网会产生哪些伦理问题?

探讨物联网伦理问题:为老年人提供数字伴侣有什么好处?

任何年龄段的人都需要陪伴,而且陪伴的益处是有据可查的。根据美国疾病预防控制中心的研究,"人和宠物之间的联系可以增进健康,降低压力,并带来快乐。"不过,有时候,老年人可能无法照顾宠物,因此,一些人将目光转向了一系列的机器人伴侣,包括栩栩如生的宠物猫伴侣。然而不幸的是,这种数字伴侣可能会引发人们对被监控和自己的隐私安全的担忧,鉴于老年人更容易成为身份盗窃和其他类型网络犯罪的受害者,这一问题对他们来说可能尤为突出。总之,研究人员和记者记录了我们家中无处不在的物联网设备所产生的大量信息,"从我们何时刷牙,何时开灯和关灯,何时播放音乐,到我们在视频网站上看了什么,以及我们的睡眠质量如何,等等。"与此类似,扫地机器人公司 iRobot 在 2018 年宣布,打算将其设备生成的用户家庭地图数据分享给谷歌、脸书和苹果等公司。

基于对后果、美德以及规则和职责等要素的考虑,遵守伦理传统有助于各种物联网技术的推出及优化。第一,基于对后果的考虑。例如,对自动驾驶汽车进行编程,以最大限度地减少交通事故损失,这符合功利主义及其以成本效益分析为核心的现代价值观。麻省理工学院的"道德机器"(moral machine)代表了一种将此类问题加以模拟的尝试,该道德机器向参与实验者呈现各种各样的场景,让他们选择并决定一辆失控的自动驾驶汽车的行为方式。第二,基于对美德的考虑。物联网公司可以通过确保其产品和服务符合诚实(即数据处理实践中的透明度和准确性)等特征,来展示其产品和服务的美德(道德品质)。第三,基于对规则和职责的考虑。科技公司可以将规则和职责(如将在第 5 章中探讨的《通用数据保护条例》)内化,并与商业伙伴合作,制定最终可能成为全球标准的通用行为准则。

考虑到正被收集的大量数据,以及物联网固有的近乎连续的监测,并且撇开后文将讨论的潜在法律责任不谈,围绕物联网仍存在着一系列特定的伦理问题。大多数问题都围绕着数据收集的方式、收集谁的数据、数据收集后由谁控制(以及收集数据要持续多长时间)等展开。这些问题主要分为以下三大类,它们概括了普遍存在的伦理问题:(1)互联网接入和信息使用问题;(2)控制权和产权问题;(3)隐私和信息完整性问题。

互联网接入和信息使用问题

联网设备数量的增加迫使用户更多地使用物联网产品(即便有些用户不愿意这么做);无论是否喜欢,我们中的许多人都有意或无意地被物联网同化了。除了收集用户数据时必须获得用户明确的同意之外,其他伦理问题还围绕着数据收集可能对不同群体产生不同程度的影响展开。这包括对老年人可能拥有更多可用资源和数据,并因此在发生数据泄露事件时面临更大风险的担忧。尽管民意调查在这一点上存在分歧,但老年人对如何保护自己的数据这一问题的理解可能还不够深入,从而会使情况变得更为复杂。

控制权和产权问题

当万物都被连接起来时,谁是最终用户,谁又是数据收集者? 关于各种物联网设备收集到的数据,谁有权使用这些数据,又是出于什么目的去使用这些数据？随着系统的集成和自动化程度的提高,数据收集是否会导致系统区别对待不同的群体？换句话说,已有大量文献记载了算法偏差的存在,不论这种偏差是有意为之还是无意间形成的,新的物联网应用程序都可能会加剧这种趋势。随着各国政府开始将从物联网设备收集的数据纳入其管理流程,这些情况也越来越令人担忧。这一点突出表现在进入美国旅游或移民美国的人必须根据要求提交自己的手机,并接受相关部门的检查等方面。

隐私和信息完整性问题

与之相关的问题包括是否应要求数据收集者在收集用户数据之前获得同意,获得同意的范围具体包括哪些方面,以及如何最好地根据具体目的调整这种同意的范围,等等。例如,许多患者同意他们的医疗数据被收集以用于治疗,但这是否也意味着可以将他们的医疗数据用于研究？如果医院与第三方共享这些数据呢？隐私保护倡导者有理由质疑这样的制度是否确实有效,因为仅仅通过通知和获得同意往往是无法保护个人隐私的。事实上,有相关研究显示,阅读一位普通互联网用户一年内访问的所有网站的规则通知文件,大约需要一个月的时间。

为了帮助应对这些伦理挑战,弗雷德·凯特(Fred Cate)教授和维克托·迈尔-舍恩伯格(Viktor Mayer-Schamberger)教授等人主张更新共享的隐私原则,包括数据收集限制、数据质量、数据使用目的说明、数据使用限制、安全保障、开放性、个人参与和问责制等方面。与此相关的是,有一些涉及用户操作的问题需要予以考虑,这可能需要制定伦理行为准则。像 Eli Lilly(礼来)公司这样的一些公司正在探索另一种选择方式,不是仅仅将网络安全视为做生意的成本,而是把它视为一种竞争优势和企业社会责任。这种观点认为,正是从企业自身的长远利益(以及国家安全利益)出发,企业才会对私营部门的风险管理做法有如此长远的考虑,其目的是将非传统因素也涵盖进去,这与企业在可持续性方面所做的努力相类似,在第 5 章和第 6 章中我们将进一步探讨相关内容。

5 物联网治理

　　从 2020 年开始,美国加利福尼亚州销售的"直接或间接"连接到公共互联网上的智能设备,必须配备"合理"的网络安全功能,例如唯一的密码。但是,我们究竟应该如何定义"合理"的安全性呢? 更广泛地说,我们是否正经历物联网治理的市场失灵,从而需要政府在设定安全基准方面发挥更大的作用呢? 如果是这样的话,在为消费者提供宽松的安全和隐私保护政策的同时,政府在创造一个公平竞争的环境中应该扮演什么样的角色呢? 正如伦敦经济学院的安德鲁·默里(Andrew

隐私保护

Murray)教授在谈到网络安全时所指出的那样,"市场发挥了作用,但目前仅仅是市场在发挥作用!"政府也可以发挥作用,以帮助私营部门应对网络安全和隐私保护方面的挑战,本书第3章和第4章都对此进行了探讨,但政府监管应采取何种形式? 如何才能最大限度地减少政府监管对创新的负面影响呢?

本章提出并回答了物联网治理的基本问题,在物联网治理中,新技术和新法律可能在世界范围内产生连锁反应。本章先从一个高层次的角度开始,着眼于市场以及法律框架、标准和认证计划等要素在改善物联网治理中的作用。接下来,本章将讨论美国以及欧盟和中国等其他司法管辖区如何处理这一问题,以及国际法和国际准则在这一问题上的作用。总的来说,本章回顾了物联网治理的概况,不仅谈到了适用的联邦法、州法和国际法,还谈到了劳伦斯·莱西格(Lawrence Lessig)教授和尤查·本科勒(Yochai Benkler)教授等人推广的其他"监管模式",以及政策制定者在多中心框架内"可以单独或集体使用"的架构和规范。物联网与一般的网络空间一样,是一个动态的、可延展的生态系统,因此,应采用一系列经济、法律和技术工具来促进万物互联的良好治理。

如果我们可以监管物联网，我们该如何做？ 这么做合适吗？

如同在网络空间监管中一样，在物联网监管中政府应该扮演什么样的角色，这在很大程度上取决于人们对政府权力和责任的看法。这种责任的范围存在于从纯粹的市场驱动到全面的政府监管的一系列领域。现实世界中的解决方案往往介于这两个极端领域之间，例如，为物联网供应商建立网络安全和数据隐私基线标准。这些标准可能要求物联网设备具有"合理"的安全性（如加利福尼亚州的做法），或者需要利用政府采购实践来设立。总的来说，世界各地的司法管辖区都处于一个困难的境地，因为它们被要求成为网络安全风险管理的监管者、促进者和合作者（regulator, facilitator, collaborator, RFC）。利用这一 RFC 框架，各国政府可以确定影响私营部门做出安全投资决策的不同因素，然后确定适当的工具组合，以推动或采取强制措施实现预期目标。但一个关键问题是，政府监管可能会导致一种"复选框式"的合规文化的形成，即企业可能会在被动的状态下寻求成本最低的方式来满足相关标准，而不会主动实施保障网络安全的最佳实践(这种最佳实践对于保护脆弱的技术和关键基础设施至关重要)。与此相关的是,即使找到具有技术能力的个人为公共部门工作,其薪酬可能也仅为私营部门同行的一小部分,这也会增加政府监管的难度,因此我们将在第 7 章中讨论网络和平队和其他的劳动力发展理念。

除了这些挑战之外,管辖权的混乱也可能会妨碍有效的监管干预。作为历史性的标志,我们可以想想第 1 章所提到的具有开创性意义的雅虎案。该案中,法国的一个组织起诉了雅虎,因为其拍卖网站出售纳粹纪念品的行为违反了法国法律。最终,法国和美国的法院都支持该法国组织,迫使雅虎下架违规产品。根据杰克·戈德史密斯(Jack Goldsmith)和蒂姆·吴(Tim Wu)教授的说法,从本质上来说,就是"让法国法律成为全球有效的规定"。

雅虎案这一事件反映了更广泛的互联网技术的转变——从一种抵制属地法的技术转变为一种促进属地法实施的技术。其他近期发生但内容相似的事件也助长了这一趋势。以维基解密事件的后果为例,据称,在此事件中,政治压力和网络攻击的综合作用促使亚马逊停止为维基解密网站提供托管服务,并迫使维基解密网站迁移到欧洲的服务器上。另外的相关事件包括，2012 年在巴西工作的一名谷歌高管因拒绝删除 YouTube 上的视频而被捕；2019 年澳大利亚的法律规定，社交媒体公司的高管会因未能及时删除暴力视频而承担刑事责任。正如这类事件所表明的，从布鲁塞尔到北京、从萨克拉门托到新加坡等地的监管工作，对物联网治理产生了重大的影响，并正在影响着动态发展中的治理形势。特别是，它们清楚地表明了特定司法管辖区做出的决策在多大程度上可能产生全球连锁效应，就像欧盟的《通用数据保护条例》产生的影响那样。

克服这些挑战以实现物联网技术的有效监管，这绝非易事。数据治理本身就是一个巨大的挑战，2018 年，思科公司估计，数十亿台物联网设备每天产生超过 2.5 EB① 的数据，并预计未来这一数值将呈指数级增长。这种程度的数据积累导致了各种各样的问题，包括谁有权访问这些数据，访问者可以在多大程度上使用这些数据（用于分析、转售等），以及应该如何安全地保存这些数据等，每个问题都需要在多个治理级别上做出不同的回应。例如，在美国，根据所涉及的设备或应用程序，

---

① 1 EB ≈ 10^9 GB。——译者注

许多机构(如美国食品药品管理局、美国联邦通信委员会、美国联邦贸易委员会等)在物联网监管方面都拥有某种权限。此外,还有一个相关的问题,即过于严格的法规不利于创新,尽管一些评论员(如布鲁斯·施奈尔)认为,物联网法律实际上可以刺激创新。再者,消费者对物联网技术的信任度的提高可能会由政府支持的标准或认证计划来推动,例如,消费者对美国食品药品管理局批准的产品更放心。

尽管困难重重,但众所周知,如今绝大多数(2017 年展开的一项调查中显示超过 90%)消费者对物联网设备的安全性缺乏信心。最近的网络攻击,如在前言中介绍并在第 3 章中讨论的 Mirai 僵尸网络,加深了人们对物联网中普遍存在的漏洞的认识(通常人们对这一问题有非常准确的认识)。作为回应,本章余下部分探讨了保护物联网中数据安全和隐私的三种主要方法,即(1)允许自由市场通过创新来帮助提供解决方案;(2)依靠州、联邦和国际法规来执行安全和隐私标准;(3)综合运用上述方法,确保多中心治理提供充分的保护。

其中,正如我们将看到的那样,以市场为基础的方法侧重于教育消费者,鼓励行业最佳实践,并使用当前的执法工具来更好地保护消费者的数据完整性。尽管自由市场鼓励创新,但它不太可能产生消费者所期望的全面保护。它缺乏有效激励企业或制造商改善数字安全的市场机制。正如 2018 年美国国家经济研究局（National Bureau of Economic Research, NBER）的一项研究所记录的那样，市场未能充分惩罚遭受网络攻击的公司，在遭受网络攻击时，它们的股价仅下跌近 1%。

没有哪种单一的途径能够应对物联网面临的所有威胁，为了增强数据安全和隐私保护，我们需要采取综合管埋手段。如今，人们越来越认识到，多中心治理是更可取的前进路线。诺

网络攻击

贝尔奖得主埃莉诺·奥斯特罗姆(Elinor Ostrom)和文森特·
奥斯特罗姆(Vincent Ostrom)教授等学者所倡导的这种多层
次、多用途、多功能和多部门的模式,通过展示自组织的好处,
"在多个维度上"建立网络监管,并且研究了国家和私人控制能
够与社会公共管理共存的程度,以此对正统观念提出了挑战。
正如文森特·奥斯特罗姆教授最初解释的那样,"一个多中心
的管理体系将由以下部分组成:(1)许多形式上相互独立的自
我监管的单位;(2)选择以兼顾他人的方式行事;(3)通过合作、
竞争、冲突和解决冲突的程序运行。"在许多方面,多中心治理
模式已被应用于解决各种集体行动问题,包括管理城市内部的
警察辖区、适应气候变化,甚至减少太空垃圾等。鉴于许多不
同的参与者和技术共同在起作用,这一治理模式非常适合解决
动态的(往往是零散的)物联网问题。应用示例包括解决域名
系统本身的问题,为此,技术界推出了安全升级技术,但在二十
多年后仍未被广泛采用,因为"它要求大多数网站在看到好处
之前采用它"。没有一种治理模式是完美的,多中心治理模式
也有其弊端,比如可能导致僵局的出现或缺乏明确的等级制
度。但是,作为促进某种程度上的网络和平的总体运动的一部
分,多中心治理模式可能有助于将有关物联网安全的辩论推向

更有成效的方向。

自组织可以在物联网治理中发挥作用吗？

多中心治理的一个重要方面是自我监管。在某些情况下，自我监管比法律条文能更好、更快地适应迅速发展的科技进步和社会变革。它也可以比命令式和控制式的监管更有效、更能节约成本，不过，因为这种努力是自愿的，而且会受到市场力量的影响（例如，不断变化的消费者需求），所以它并不是万能的。人们只需回顾一下脸书的改革承诺及其最后的失败，就可以明白为什么要求终止互联网平台自我监管的呼声越来越高。尽管如此，一些监管者，如美国联邦贸易委员会前负责人莫琳·奥尔豪森（Maureen Ohlhausen）还是出面支持物联网供应商进行自我监管。美国参议院的一项决议也反映了这一观点，该决议强调了私营部门在开发和管理物联网应用程序方面的核心作用，以及政策制定者对这一问题的重视程度。

不过，自我监管的失败并非定局。事实上，一些人认为，尽管数据泄露事件持续盛行并且缺乏惩罚或纠正措施，但在网络安全领域并不存在市场失灵。但也有一些人指出，在数据泄露事件发生后,涉事公司的股价没有持续下跌,它们也没有因为重新利用所收集的数据而受到惩罚,考虑到网络安全政策如此松懈,这可以被视为市场失灵的例子。自我监管能否成功,这在很大程度上取决于所讨论的社区的类型,以及其是否具有有效沟通、解决冲突、建立规范和执行奥斯特罗姆的设计原则所规定的集体规则的能力。在物联网及更广泛的环境中,在线社区比比皆是,它们成功进行自我监管的潜力很大程度上取决于所考虑的物联网产品制造商群体的规模和范围。在其中一些社区中,如 eBay 或脸书(默里教授称之为"洛克式"社区,因为用户已经将权力交给了中央管理者),某种程度上的民主治理,如授权用户对不法行为进行监督和举报,可以与既定的权威共存。这种状况可以与所谓的卢梭式社区相比较,在卢梭式社区中,权力仍然是分散的;在目前的物联网环境中,情况也是如此。然而,由于物联网产品制造商的庞大规模和复杂性,这样的分类往往是无效的。但是,如果社区能够以互联网工程任务组或欧盟的《通用数据保护条例》为例来加强合作,并制定行业行为准则,那么用户权力可能就不必像在脸书等洛克式社区那样集中。这可以通过形成小型社区以建立信任来实现,例如金融服务业的安全运营中心。

包括埃莉诺·奥斯特罗姆教授在内的多中心理论家赞扬了小型自组织社区在管理公共资源方面的好处，人类学证据也证实，当人类群体规模相对较小时，小型自组织社区会更高效地按照某些指标来运作。然而，小型社区可能会忽略其他利益方、利益相关者及其行动的广泛影响。为了克服这种疏忽，这些社区必须负起在物联网治理方面取得良好结果的责任，这可以通过引导用户了解网络威胁以及帮助他们提升网络安全管理的能力来实现。

一些物联网社区由具有集中协调作用、能够编纂和实施最佳实践并抑制搭便车行为的小群体组成，这类支持有机的、自下而上治理的混合社区可能更有助于增强物联网安全。这种自我监管具有灵活性，能够适应快速发展的技术进步，而这种灵活性可以说比法律条文更好、更快，因为法律条文通常是渐进式变化的。相对来说，在灌输公民美德的同时，这种自我监管也有可能比其他"一刀切"的方法更有效率和更具成本效益。尽管如此，这种自我监管也只是巨大而复杂的物联网治理难题的一部分，这就是为什么自我监管只是多中心治理的一个组成部分。然而，这并不意味着它的重要性会降低，正如默里教授所说:"在网络空间中,决定权最终似乎归属于社区。我们有能力控制自己的命运。"

　　消费者报告就是一个试图创建这样一种自组织社区的组织,自 1936 年成立以来,该组织一直站在测试消费品和倡导改进其安全性的最前沿。2017 年 3 月,消费者报告发布了其数字标准,旨在"衡量产品、应用程序和服务的隐私性和安全性……其目的在于随着数字市场的发展,将消费者置于主导地位"。一旦数字标准成熟,它将使消费者能够选择满足严格的

物联网治理

隐私保护和网络安全要求的产品,包括物联网环境中的产品。
随着时间的推移,该标准有望帮助市场更有效地运作。它奖励
那些重视网络安全和保护数据隐私的公司,惩罚那些不认真对
待网络安全和不保护数据隐私的公司(并通过降低这些公司的
评分来减少其收入)。这些努力已经产生了影响,比如它们帮
助揭露了怀孕和生育助手 Glow 这款应用程序中存在的隐私
泄露风险。随着数字标准的不断完善和全球化发展,它可能会
进一步影响全球物联网隐私保护和安全标准的发展轨迹和速
度。据报道,消费者报告正在与欧洲同行合作,以协调自身标
准,这可能会促使人们在物联网环境下,围绕网络安全尽职调
查展开进一步的规范建设工作。然而,鉴于美国和欧盟在物联
网治理方面的监管立场不同,障碍依然存在。

美国监管物联网的方法是什么?

长期以来,美国政府一直倾向于采取行业自愿性原则来管
理数据隐私和网络安全威胁,这与欧盟等其他司法管辖区不
同,后者更倾向于采取更全面的措施。在物联网治理方面,美
国也是如此。总的来说,在很大程度上,美国联邦网络安全法

对于减少物联网环境中存在的安全和隐私问题还没有做好充分准备。

人们需要更全面的法律框架或监管体系,这对于在增强消费者信心的同时又能保护消费者至关重要。由于物联网设备存在各种各样的安全风险和漏洞,消费者受到伤害的方式有很多种,每种方式可能都需要不同的策略响应。例如,授予访问个人信息的权限可能会对个人生计造成不幸的影响,包括从信用评级到个人安全等都将受到影响。此外,在不断演变的物联网世界中,除了需要增强消费者信心之外,获得消费者同意也是需要重点关注的问题。特别是,已经出现了有关"公平信息实践原则"的适用性的争论,这些原则包括通知、访问选择、准确性、数据最小化、安全性和问责制以及它们是否应该适用于物联网空间等方面。此外,获得消费者同意也与消费者保护法中关于隐私政策披露的方面相关,这是另一个处理相互关联的网络安全和隐私问题的领域,但我们尚未对此做好准备。例如,传感器设备能够(有意或无意地)以独特的方式对消费者的利益产生负面影响。这是因为公众对新技术充满渴望,但获得消费者同意不太可能给消费者提供全面保证。

美国政府对物联网隐私和安全漏洞的反应不一。截至本书英文版撰写时,尚无联邦法律规定保障物联网网络安全和保护数据隐私的基准,现有的提案是否能获得通过尚且未知。同样,简单解决这个问题的办法,例如指定某个联邦机构来负责,很容易获得人们的信任,但却很难实现,因为这一问题涉及的技术领域的范围极其广泛——从医疗设备到交通信号灯等。美国联邦贸易委员会、美国联邦通信委员会和美国国家标准与技术研究院将成为三个候选机构,它们分别致力于监管不公平的和具有欺骗性的贸易行为、制定物联网安全法规,以及制定网络安全和数据隐私标准。

美国联邦贸易委员会对其权限的解释是,如果公司暗示或宣传其实施了某些网络安全保障措施,或在医疗保健等有风险的关键基础设施领域开展业务,但其网络安全保障不达标,美国联邦贸易委员会可以对其进行处罚。美国联邦贸易委员会的解释得到了美国法院的支持。因此,它继续调查脸书和Equifax等网络安全标准不严格的公司,并发布和解令,要求这些公司"在未来20年内建立并维持全面的安全计划,并接受独立审计"。美国联邦贸易委员会已经针对温德姆酒店(Wyndham Hotel)的数据泄露、TRENDNet摄像头的安全漏洞以及华硕的路由器和云服务问题发布了此类和解令。美国

联邦贸易委员会还发布了非约束性指南,以帮助公司管理物联网安全问题,并鼓励它们:

(1) 从一开始就在物联网设备中构建安全性,而不是在设计过程完成后再予以考虑;

(2) 培训员工,使他们认识到网络安全的重要性,并确保组织内的网络安全管理处于适当水平;

(3) 确保在雇用外部服务供应商时,这些供应商能够维持合理的安全性,并能对供应商进行合理的监督;

(4) 当识别出安全风险时,考虑使用"深度防御"策略,在这种策略中,可以设置多个安全层来防御特定的风险;

(5) 考虑采取措施防止未经授权的用户访问存储在网络上的消费者的设备、数据或个人信息;

(6) 在所连接的设备的整个预期生命周期内对其进行监控,并在可行的情况下提供安全补丁以覆盖已知的风险。

美国联邦贸易委员会还建议公司采用美国国家标准与技术研究院制定的网络安全框架。总之,该委员会建议"以一种整体的方法来解决网络安全问题和所有面向消费者的软件开发工作,这种方法包含'将隐私保护融入产品设计'的策略,以

解决在数据收集、使用、访问、存储和最终的安全删除这一整个
生命周期内的一系列安全问题"。

相比之下,美国联邦通信委员会颁布了专门针对物联网的
相关法规,例如关于物联网设备制造的法规。针对不同设备,
制定的要求各不相同。最近,美国联邦通信委员会已经在推动
相关法规落地落实,以缩小消费者期望与实际安全功能之间的
差距。此外,美国联邦通信委员会有权对不遵守法规的行为处
以最高 75000 美元的罚款。

另一方面,美国前总统奥巴马在 2013 年国情咨文演讲中
宣布了一项行政命令,责成美国商务部下属的美国国家标准与
技术研究院采取行动,开发网络安全和数据隐私保护框架。最
初的想法是,美国国家标准与技术研究院与行业合作伙伴共同
合作,开发一个自愿的"网络安全框架",企业可以采用该框架
来更好地保护关键基础设施。而后,《关键基础设施网络安全
改进框架》(1.0 版)于 2014 年 2 月发布,旨在协调共识标准和
行业最佳实践,其支持者认为,该框架提供了灵活且经济有效
的方法来加强网络安全保障,可帮助关键基础设施的所有者和
运营商评估和管理网络风险。《关键基础设施网络安全改进框
架》(1.0 版)包括三个主要组成部分(框架核心、概要文件和执

行层级）。自发布以来，它就广受欢迎，并通过帮助一些组织"识别、实施和改进网络安全实践，为网络安全问题的内部和外部沟通创造了一种通用语言"，在阐明美国及其他国家的网络安全保护标准方面发挥了重要作用。事实上，《关键基础设施网络安全改进框架》（1.0 版）在理论上越来越遵从"自愿"原则，但在实践中却显得越来越带有"强制"意味，这一点从 2017年特朗普（Trump）政府要求所有联邦机构使用这一框架就可以看出来。从英特尔公司到芝加哥大学的各种组织都利用《关键基础设施网络安全改进框架》（1.0 版）来创建企业数据热力图，解决已知风险，并确保负有持续性责任。甚至美国交通部也使用了《关键基础设施网络安全改进框架》（1.0 版）来评估车辆网络安全，尽管该机构发现，该框架需要进行重大调整，才能在为车辆制定有用的安全保障措施方面发挥更大的作用。

此类案例凸显了《关键基础设施网络安全改进框架》（1.0版）的灵活性和影响力，促使美国国家标准与技术研究院于2018 年 4 月发布了《关键基础设施网络安全改进框架》（1.1版）。正如美国前商务部长威尔伯·罗斯（Wilbur Ross）所言："这应该是每家公司的第一道防线。"新版本在很多方面有着显著的改进,包括身份验证、供应链网络安全和漏洞披露等,但它仍然被认为是确保网络安全的底线而不是上限。例如,它并没有特别关注物联网问题,而这是许多人和组织(包括美国商会)希望美国国家标准与技术研究院不仅要发布网络物理系统框架,还要提出更详细的解决方案的问题领域,因此《关键基础设施网络安全改进框架》(1.1版)在这方面可以说是不够具体的(或对用户不够友好的),不足以对物联网产生与《关键基础设施网络安全改进框架》(1.0版)相同的影响。作为回应,美国国家标准与技术研究院发布了一份物联网设备网络安全功能基线建议草案,在本书英文版撰写期间,相关方还在收集有关这一草案的反馈。

即使可以采取一致行动,并利用现有的普通法对疏忽、违约和侵犯隐私等行为主张权利,这些机构也没有权利处理物联网面临的各种网络威胁。尽管长期以来,某些方面一直抵制针对物联网的立法,但美国联邦政府层面的改革提案比比皆是。尤其是美国联邦贸易委员会前主席伊迪丝·拉米雷斯,她似乎支持"物联网是万物自我监管的代名词"这一观点。然而,美国联邦贸易委员会鼓励美国国会制订自我监管计划,以鼓励公司实施关于保护隐私和保障网络安全的最佳实践。这些实践将防止"强大、灵活和技术中立"的个人信息和设备功能被未经授权的第三方访问,这其中包括关于公司如何向消费者提供有关数据收集和使用做法的选择的明确规则。美国联邦贸易委员会还牵头发起了一项运动,最初是与奥巴马政府合作,呼吁出台数据泄露通知条例,以向信息被泄露的消费者提供联邦层面的保护,这是对《消费者隐私权法案》(Consumer Privacy Bill of Rights)更广泛修订的一部分。其他一些改革提案包括2017 年《物联网网络安全改进法案》,该提案要求向美国政府销售产品的供应商确保它们的设备:(1)可修补;(2)不包含已知漏洞;(3)依赖标准协议;(4)不包含硬编码密码。然而,该提案并没有采取"一刀切"的方法来监管像物联网这样庞大的领域。事实上,如果工业界提供了"同等的或更严格的设备安全要求",则可以使用它们来代替上述要求。该提案未能通过,但包括弗吉尼亚州的马克·沃纳(Mark Warner)在内的两党提案人没有放弃,于 2019 年递交了新的提案。值得注意的是,新提案缩小了"物联网设备"的范围(例如,不含智能手机和个人电脑),并从制定最低标准转向指导美国国家标准与技术研究院就"美国联邦政府拥有的或控制的"物联网产品的"适当使用和管理"提出建议,以使这些物联网产品满足最低标准。

同时,另一些提案也被提出以改善物联网安全,包括 2017 年《物联网消费者 TIPS 法案》(IoT Consumer TIPS Act,该提案旨在帮助美国联邦贸易委员会促进保障消费者网络安全),以及《SMART 物联网法案》(SMART IoT Act,该提案要求美国商务部"对行业状况进行调查")。后一项提案在众议院以全票获得通过,但没有被参议院采纳。美国政府问责局(General Accountability Office,GAO)建议美国政府进一步采取行动以减少网络安全漏洞,包括:(1)制定和执行"更全面"的国家网络

智能手机

空间战略;(2)降低全球供应链风险;(3)确保新兴技术的安全。美国政府问责局还公开表示支持美国制定类似欧洲《通用数据保护条例》那样的数据隐私保护制度。

在美国州一级,加利福尼亚州长期以来一直是环境法和数据隐私等不同领域的规范的创建者,现在又站在了一个对美国具有重要意义的紧迫问题的最前沿,这一次是关于万物互联治理方面。具体而言,2018 年,加利福尼亚州通过了全美首个物联网网络安全法 SB-327,该法案旨在增强物联网设备的安全性,要求从 2020 年开始,不管是直接还是间接连接到互联网的设备,制造商都必须为其配备"合理"的安全功能,以防止未经授权的访问、修改或信息泄露。这一法案对"合理"的安全性并没有明确定义,但一般来说,设备制造商应提供保护,以防止未经授权的访问、修改或信息泄露,例如通过要求使用唯一的密码以避免受到来自 Mirai 僵尸网络等的攻击。尽管有些人认为,该法案在追究物联网设备制造商的责任方面做得不够,或者批评该法案侧重于增加新的安全保障措施而不是消除不安全的隐患,但这一法案在采取基于风险的方法来应对物联网安全和隐私保护挑战方面迈出了重要的一步,应在美国国家标准与技术研究院、美国联邦贸易委员会和美国联邦通信委员会的相关行动和倡议的背景下加以考虑。例如,美国国家标准与技术研究院下属的美国国家网络安全卓越中心（National Cybersecurity Center of Excellence, NCCoE）一直在与线上快速身份验证联盟合作，该联盟是一个由 200 多家国际公司组成的非营利标准组织，其放弃密码验证，转向其他更安全的身份验证手段，以降低物联网安全风险。加利福尼亚州并不是唯一一个这样做的州，正如第 7 章将进一步讨论的那样——俄亥俄州正在通过提供免受诉讼的避风港来激励那些对网络安全最佳实践和框架进行投资的公司。

身份验证

时间会告诉我们,加利福尼亚州对物联网设备的监管方式会有多受欢迎,此外,如果其他州采取了相互竞争的做法,人们还需要考虑来自治理方面的挑战。

其他各国是如何监管物联网的? 特别是欧盟的《通用数据保护条例》将如何影响其物联网治理?

谁拥有你的数据?如何回答这个问题很大程度上取决于你所处的地理位置,甚至取决于你所处位置的邮政编码。如果你碰巧是欧盟公民,那么,正如我们将看到的,作为消费者,你在很大程度上处于主导地位,能决定谁可以收集、分析你的个人信息并从中获利。目前全球已有100多个国家制定了综合性的数据保护法。接下来,让我们详细探讨下《通用数据保护条例》。

首先,需要了解一些背景知识,《通用数据保护条例》旨在取代20世纪90年代的欧盟《数据保护指令》,并推动欧盟走向数字化单一市场(digital single market,DSM)。与《关键基础设施网络安全改进框架》(1.0版)类似,数字化单一市场综合了保障网络安全和实施数据保护方面的举措,"依赖各种现有标准、指南和实践,使关键基础设施供应商能够实现快速恢复能力。"最重要的是,数字化单一市场的重点集中在"对数据经济性(数据自由流动、责任分配、所有权、互操作性、可用性和访问)的考虑上,并因此有望解决互操作性和标准化问题",这对于提高物联网设备的安全性和隐私性至关重要。

《通用数据保护条例》是一个普适的监管制度,旨在建立一套在欧盟范围内保持一致的消费者保护措施。它以一系列广泛的要求为特点,包括从要求确保数据的可携带性和获得消费者同意,到要求企业在意识到数据泄露事件发生后的 72 小时内对泄露事件进行披露,然后进行事后调查,以确保类似的情况不会再次发生等各个方面。其他要求包括,对个人数据的每一种处理都需要获得肯定的、具体的、明确的同意(这会带来一系列后果,例如,导致长期而复杂的服务条款的终止),以及防止没有足够严格的隐私法的第三方国家收集和转移关于欧盟公民的数据。它还要求相关公司任命一名数据保护官来监督《通用数据保护条例》的合规性。欧盟委员会在执行《通用数据保护条例》方面的权力范围很广,因为该条例不仅适用于欧盟公司,而且适用于所有向欧盟公民销售商品或服务的公司,无论这些公司位于何处皆可适用。包括《芝加哥论坛报》和《洛杉矶时报》在内的出版物,最初都曾因未遵守《通用数据保护条例》的相关规定而被欧盟封禁。这一事实,再加上不遵守条例规定可能被处以高达总收入 4% 的令人瞠目的罚款,已经对跨国公司的隐私保护标准产生了影响,例如,制药巨头 Eli Lilly 公司等已经宣布,它们将在全球范围内遵守《通用数据保护条例》的规定。那些不太主动遵守《通用数据保护条例》规定的公司也已经受到影响;截至 2018 年,不遵守《通用数据保护条例》规定已导致谷歌和脸书等科技公司被罚款 81.5 亿美元,《通用数据保护条例》还导致一些无法遵守其规则的小公司倒闭。

尽管诸如《通用数据保护条例》的法规具有开创性意义,但它们的起草并未考虑到物联网,正如欧盟网络与信息安全局(European Union Agency for Network and Information Security,ENISA)在 2017 年的一份研究中指出的,"没有关于'物联网设备和服务信任的法律指南',也没有'任何为联网和智能设备的网络安全和隐私保护设置的最低级别'。"然而,鉴于相关组织必须能够按需提供用户数据,《通用数据保护条例》带来的保护确实正在影响并将继续影响物联网创新的速度。考虑到智能设备的日益普及(从未经访客事先同意便记录访客信息的智能门铃,到城市中的闭路电视摄像机),这种情况可能特别具有挑战性。此外,欧洲的法规制定速度缓慢,例如,《通用数据保护条例》草案在 2012 年被提出后,历经四年多才被采纳。再者,欧盟没有对信用监控的预期,遭遇数据泄露的组织也不会因数据泄露感到不安,而且欧盟关于数据泄露通知的要求比美国常见的要宽松一些,因此,在某些方面,美国关于隐私保护和网络安全的标准实际上要更为严格。尽管如此,《通用数据保护条例》为构建更安全(和私有)的万物互联提供了基础,特别是在与其他举措相结合时能够发挥更大的作用。这些举措包括《欧盟网络与信息系统安全指令》(这是欧盟出台的关

闭路电视摄像机

于网络安全的第一项法规,该法规侧重于对关键基础设施的保护)、《欧盟网络安全法案》,以及将欧盟网络与信息安全局设为欧盟常设机构的决定等。然而,也应该指出,相关部门关于保护消费者数据隐私的努力,无论多么值得称赞,都必须注意与创新和经济发展的需求相平衡。

其他国家也越来越多地参考欧盟(而不是美国)制定关于保护数据隐私和网络安全方面的法规,这一点可以从巴西的《通用数据隐私法》和日本为确保遵守《通用数据保护条例》而同样更新其隐私制度的决定中看出来。根据联合国贸易和发展会议的数据,截至 2018 年,57% 的国家制定了保护数据隐私的立法。印度的 Aadhaar 生物特征数据库拥有 13 亿用户,虽然印度没有全面的数据保护法,但印度最高法院已裁定,印度宪法保障隐私权是"其第 21 条保护生命和自由的一部分",例如,允许印度人,如果他们愿意的话,拒绝提供他们的生物特征信息。此外,在 2018 年,印度一项个人数据保护法草案,大量借鉴了《通用数据保护条例》的规定。尽管《通用数据保护条例》的隐私保护措施有助于确保物联网设备收集的个人数据的机密性,但并不能直接解决影响物联网系统完整性或可用性的网络威胁。

欧盟各国将《通用数据保护条例》视为一个底线,而不是一个上限,并一直在物联网认证等领域进行创新。例如,英国的Cyber Essentials(网络要素)计划旨在"鼓励广泛采用基本的安全控制措施,以帮助保护组织免受最常见的网络攻击"。它包括两个级别的认证,Cyber Essentials 认证和 Cyber Essentials Plus 认证。Cyber Essentials 认证涉及基本组织网络卫生实践的自我认证,如防火墙、安全配置、用户访问控制和补丁管理等。相关的认证框架旨在对现有的风险管理方法进行补充,并在 2019 年推出强制性物联网标识计划。这样的计划帮助英国公司将网络安全作为一种竞争优势进行营销,而不仅仅是一种增加商业成本的负担。目前欧盟计划在整个欧盟范围内推广此类认证计划,以帮助消费者更好地了解物联网产品的相对安全性,不过在可预见的未来,此类认证可能仍将是自愿的。此外,一些欧盟司法管辖区正在考虑是否进一步采取行动。例如,法国政府正在考虑是否要求物联网产品制造商对安全过失承担严格责任。虽然这些举措可能会阻碍创新,但可能会提高网络安全性和隐私性。尽管如此,鉴于全球物联网市场规模如此之大,我们在物联网领域面临的技术挑战如此之多,这些举措仍然是权宜之计。此外,它们还引发了可能会对处于司法管辖区之外的组织造成影响的担忧,正如我们所看到的,由于澳大利亚备受争议的新加密法要求通信企业为执法部门提供"后门",一些企业将数据移出了澳大利亚。因此,或许国际法才可以帮助保护我们高度互联的未来,而不是国家和地区的政策制定者。

我们如何使物联网发展带来的隐私保护和网络安全问题在国际范围内顺应现代化发展潮流,并得到有效处理呢?

截至本书英文版撰写之时,正如没有一项类似《外层空间条约》(Outer Space Treaty)或《联合国海洋法公约》(United Nations Convention on the Law of the Sea,UNCLOS)的网络空间条约一样,也没有一项全面的物联网安全条约,在可预见的未来很可能也不会有,这应该不足为奇。不过,这并不意味着既定的国际法在物联网治理问题上毫无用处。例如,北约合作网络防御卓越中心(Cooperative Cyber Defense Centre of Excellence,CCDCOE)等组织宣称,根据习惯国际法和《联合国宪章》,可以将"通过物联网进行的攻击"理解为国际不法行为和侵犯国家主权的行为。在网络安全和隐私方面,通过分别调查新兴规范和既定协议,也可以收集到一些有用的见解。

尽管诸如欧洲委员会《网络犯罪公约》(Convention on

Cybercrime)的特定的网络安全条约仍然很少,但仍有大量适用于网络安全的国际法。这些国际法用来处理那些尚未达到武装攻击门槛,因而无法启动战争法的网络攻击,包括贸易和投资条约、司法互助协定和引渡协定等。这些国际法已经在其他著作中被详细讨论,本书不再赘述,但这里需要特别提出的相关部分是对关键基础设施和网络安全的尽职调查。在私营部门的交易环境中,网络安全尽职调查被描述为对用于确保信息资产安全的管理流程和控制措施的系列审查。更简单地说,尽职调查指的是识别和了解组织面临的各种风险的活动。总的来说,网络安全尽职调查是指国家和非国家行为体履行国际义务,帮助识别和推广网络安全最佳实践,以提高物联网设备的安全性的一种行为。

国际社会越来越多地关注到确保关键基础设施安全的必要性,这包括各种物联网应用,考虑到智能传感器和设备嵌入到电力、水和金融系统的程度之深,它们容易受到一系列网络攻击,如 Mirai 僵尸网络攻击等。例如,七国集团《网络空间负责任国家行为宣言》主张,"各国不应故意允许其领土被用于利用信息通信技术进行国际不法行为。"联合国政府专家组重申了这一准则。《塔林手册》第 6 条坚持认为,"各国必须尽职尽责,不允许其领土或在其政府控制下的领土或网络基础设施,被用于侵犯其他国家权利并对其他国家产生严重不利后果的网络行动。"其他利益相关者,包括中国、哈萨克斯坦、吉尔吉斯斯坦、俄罗斯联邦、塔吉克斯坦和乌兹别克斯坦,也坚持认为,各国不应"利用信息通信技术以及信息和通信网络,进行与维护国际和平与安全任务背道而驰的活动"。最终,这种协调一致的看法可能会促进各国就物联网背景下网络安全尽职调查的范围和意义达成新的国际协议。然而,鉴于这些声明在某种程度上掩盖了各国在究竟什么是尽职调查这一问题上存在的重大分歧(特别是在审查制度和网络主权的背景下),目前我们离达成新的国际协议这一天仍然很遥远。

同样,人们正在努力提高全球数据隐私标准。例如,可以说,更新 1948 年《世界人权宣言》中提到的隐私权的时间早就过去了。1966 年,联合国在该宣言的基础上通过了《公民权利和政治权利国际公约》,已有包括美国在内的 70 多个国家签署了该公约。特别是《公民权利和政治权利国际公约》第 17 条规定,"任何人之私生活、家庭、住宅或通信,不得无理或非法侵扰,其名誉及信用,亦不得非法破坏。"又如,有研究人员提议起草一项新协议,将"数字领域"包括在内,以便制定"全球适用的数据保护和隐私保护法治标准"。德国政府——特别是德国联邦数据保护官彼得·沙尔(Peter Schaar)推动了这一提议的实施,该提议于 2013 年获得数据保护和隐私专员国际大会(International Conference of Data Protection and Privacy Commissioners,ICDPPC)的批准。如果不加以澄清,《公民权利和政治权利国际公约》以及人权法在推动全球隐私法方面的作用,将继续受到间谍机构和私营企业的破坏。但是,在新的支持下,《公民权利和政治权利国际公约》的若干条款,包括第17 条(保护隐私权)和第 19 条(保护信息获取权),将会在保护数据隐私方面焕发出新的活力。

政府干预对于帮助消除"当前'互联网＋'背景下不容乐观的网络安全隐患"可能确实至关重要,施奈尔断言"这是商业激励机制不协调、政府优先考虑互联网上的攻击行为而不是防御、集体行动问题以及需要干预才能修复的市场失灵的结果"。但是,我们不必孤立地处理这样一项任务;相反,明智的做法是类比其他行为并从历史先例中进行学习,这正是第 6 章的主题。

6 类比物联网

当某个新的领域逐渐开放或某个行业已经发展成熟时,我们很自然地会去寻找同类事例和历史先例来指引我们的行动和认知。美国前总统肯尼迪曾有一个著名的比喻——把太空探索比作航海。我们将在第7章进一步讨论人工智能和机器学习的兴起,其被认为将引领"第四次工业革命",而"大数据"则被描述为"洪水",甚至是"必须加以利用的自然资源"。从20世纪90年代的网页"冲浪"到登上"信息高速公路"(后者是一个很好的例子,因为政府能够而且确实会对高速公路进行非常严格的监管,这引发了第5章中关于物联网治理的讨论),网络空间也受到了这种倾向的影响。最近,推特(Twitter)被称其为一个数字化"城镇广场"。哈佛大学研究员朱迪思·多纳特(Judith Donath)说:"信息是相当无形的,所以我们在网上做的几乎每件事都带有某种隐喻的意味。"然而,随着我们的世界日益互联,社交媒体理论家纳森·尤金森(Nathan Jurgenson)所描述的催生了"网络空间"这一独特的现实概念的"数字二元论"正在瓦解。如英国国家科学、技术及艺术基金会(National Endowment for Science, Technology and the Arts, NESTA)首席执行官杰夫·摩根(Geoff Mulgan)所言:"随着物联网的发展,现实与虚拟现实这两个概念之间的清晰界限变得模糊,有时甚至以创造性的方式变得模糊。"简而言之,"现在互联网无处不在,所以很难用一个概括性的隐喻来形容它是一个独立的空间。"事实上,如何寻找合适的视角来更好地理解物联网的轮廓,长期以来一直困扰着学术界和政策制定者。然而,尽管缺乏有效的隐喻,但在人类面临公共卫生突发事件和气候变化等复杂问题的其他背景下,我们仍有值得探讨的经验教训。本章将针对上述问题,从公共卫生和基于生态系统的方法着手来分析万物互联,接着探讨企业社会责任,并从绿色运动中探索其他经验教训和工具。

关于物联网安全,公共卫生能教给我们什么?

我们每个人都掌控着一个极其复杂的生态系统。人体由数十万亿个细胞组成,但这还远远不是全部——保守估计,我们体内的细菌和其他微生物的数量是构成肌肉、脂肪、器官和骨骼的细胞数量的十倍以上;没错,按照这个计算,我们只有10%是"人类",当然人与人之间也有差异。(仔细想想,这个概念或许真的能解释很多问题。)单考虑在这些细胞之间传递的无数电化学信号(更不用说它们如何与外部病原体相互作用了),问题的复杂性就会呈指数级增长。我们把钥匙放错地方(或者忘记密码)并不奇怪,但我们大多数情况下都设法记住了钥匙的位置。

那么,保持如此复杂的有机体正常运转的努力(例如,改善个人的医疗保健和社区的公共卫生)或许会给我们一些启示,可帮助我们更好地治理物联网,以及探索更广泛的万物互联。毕竟,据估计,到 2030 年,联网设备的数量将超过 1250 亿,并可能从此呈指数级增长。

细菌

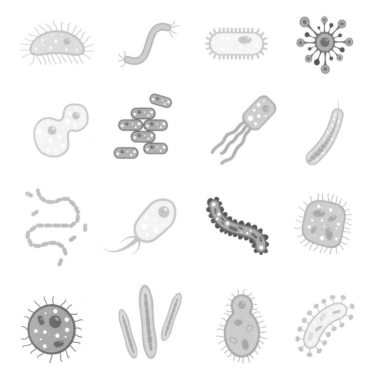

在尝试治疗慢性病乃至治愈疾病的过程中，医学界研发了药物，就像软件供应商开发了新的程序和补丁一样。有些药物人们可以在柜台上直接买到，有些药物需要医生开具处方，因为有时候人们需要医生的指导，就像有些软件更新是免费的，而另一些则需要订阅，甚至需要访问专门的信息共享网站一样。此外，有些药物只能在医院使用，因为如果使用不当，这些药物可能会造成非常危险的后果，从而需要专业人士的协助，就像在网络安全环境中，某些系统非常重要，出于安全原因，人们必须将这些系统与公共互联网隔离开来（尽管这远非完美的解决方案）一样。简而言之，我们有一个完整的社会和政策框架对药物的使用和管理加以监管——即使这一框架不能完美地发挥作用——其目的是保护人们的安全，促进个人和公众健康。

长期以来，公共卫生领域一直致力于探索治疗各种传染病和非传染病的最佳实践，以及应对诸如卫生条件差和有毒环境暴露的危险行为。这与网络安全的相似之处是显而易见的，例如我们需要隔离受感染的系统，并保持适当的"网络卫生"，如不重复使用密码，使用 VPN（virtual private network，虚拟专用网络）进行远程访问，以及安装防火墙和防病毒软件等。这些预防措施有助于确保像 WannaCry 勒索软件这样的网络攻击不会如此迅速地传播，特别是在与主动技术相结合以尽量减少损害的情况下，效果更为明显。但也有一些人对这些做法持批评态度，比如赛门铁克公司的阿米特·米塔尔（Amit Mittal），他认为"物联网设备的硬件和处理限制，使得当前的端点保护模式（'疫苗接种'）不可能实现"。相反，他主张"通过设计来实现安全保障。若继续将之与我们的公共卫生类比，我们可以把它看作是基因工程免疫而不是疫苗接种"。

公共卫生和物联网的治理模式在某些方面也很相似。以美国国家卫生研究院（National Institutes of Health, NIH）的模式为例，该模式由超过 27 个不同的研究中心组成，每个中心都"专注于特定的疾病或身体系统"。这种模式与第 5 章讨论的多中心治理非常吻合，其中包括组建"松散耦合"的机构，以对特定问题进行多层次的管理。第 1 章中所讨论的复杂的、多利益攸关方的互联网治理模式也是如此。事实上，根据信息技术治理专家克里斯·莫斯乔维蒂斯（Chris Moschovitis）的说法，美国联邦贸易委员会建议将存在已久的公平信息实践原则应用于物联网领域，但同时面临的一项重大挑战是物联网这一领域会有"大量的利益相关者参与其中"。这种碎片化的治理模式可能会进一步凸显出我们需要一个"非常灵活且被国际认可的动态框架"。

　　尽管医疗保健行业也频遭网络攻击,但它通常也是开发和部署各种网络安全最佳实践的试验台。从积极的一面来看,物联网在医疗领域的应用,正在给现代医学带来革命性的变化,例如采用电子健康记录技术甚至区块链等创新技术,来帮助维护联网医疗设备供应链安全稳定。而另一方面,网络攻击仍然普遍存在。其中一种名为 Locky 的勒索软件是"勒索软件中最多产的类型"之一,它入侵了好莱坞长老会医疗中心(Hollywood Presbyterian Medical Center),导致出现了"内部紧急情况"。另一个与此相似的事件在 2017 年成了美国举国关注的新闻,正如第 2 章所讨论的那样,当时,美国食品药品管理局要求召回超过 40 万个有问题的心脏起搏器。医疗保健部门在改善其网络安全状况方面取得了长足的进步,但通过从公共卫生这一领域中吸取相关教训,人们可以做更多的工作。尽管如此,正如美国联邦通信委员会的前首席信息官戴维·布雷(David Bray)所说:"公共卫生之所以存在,是因为即使我们尽了最大努力,现实生活中也仍然会暴发传染病,因此我们必须迅速发现、应对,并帮助治疗那些受感染的人。"按照布雷的说法,我们需要的是"网络个人卫生和网络流行病学的融合",同时要在物联网设备安全卫生方面加强信息共享。一些小小的动作,如洗手或不重复使用密码,累积起来也可能会产生巨大的影响,从而提高整体卫生水平,这将在第 7 章中进一步讨论。

电子健康记录

如果我们采取基于生态系统的物联网治理方法呢？

20 世纪 60 年代,在美国国家航空航天局工作的一位名叫詹姆斯·洛夫洛克(James Lovelock)的英国科学家接受了一项任务,即研究在火星上发现生命的可能性。作为任务的一部分,洛夫洛克博士开始思考不同的生态系统如何在行星尺度上相互影响,这一思路最终催生了"盖亚假说"。简而言之,这个假说认为"有机体和它们周围的无机环境共同进化成了一个单一的生命系统,该系统极大地影响着地球表面的化学成分和环境"。将地球视为一个连成一体的行星生态系统,在这个生态系统中,一个地区的气候波动或物种灭绝可以在全球范围内引起共鸣,这也可能会为另一个迅速扩张的网络——万物互联的风险管理提供经验。

在讨论互联网连接技术的演变以及它们如何与更广阔的世界互动并塑造我们的世界时,我们通常会提到"物联网生态系统"。例如,美国国家标准与技术研究院已经指出了物联网生态系统存在的安全问题,并致力于制定各种治理框架,以便更好地应对这些问题。类似的组织,如物联网网络安全联盟

(IoT Cybersecurity Alliance)等也注意到,互联网连接技术
"可以通过多种威胁载体,给整个生态系统带来风险"。由于物
联网系统固有的复杂性,与传统网络安全领域固有的问题(如
保护数据中心)相比,物联网系统的安全问题可能被认为是另
一个量级的,因此没有一种"一刀切"的方法来应对这些安全问
题。相反,正如我们已经讨论过的那样,采取自下而上的方法
并主动在万物互联中建立安全保障体系是至关重要的。正如
一位评论员所指出的:"唯一的解决方案是采取安全优先的方
法,将其嵌入到网络中并对网络本身加以利用,这样既能实现
实时监控,又能提供防御和保护。"但是,这种与生态系统进行
的类比分析在提高万物互联安全性方面究竟有多大作用呢?

总之,全球化的万物互联的数字生态系统的发展,并不是
已成定局。事实上,在可预见的未来,这是不太可能的,因为毕
竟许多物联网系统本质上是孤立的"物联网"的集合,它们并不
能方便高效地相互交互。事实上,这与前文所讨论的互联网早
期的状况没有什么不同。成功构建开放的物联网生态系统的
一个重要先决条件是建立坚实的技术、经济和法律基础,例如,
创建可信任的标记、利用供应链信息技术和建立终端用户进行
个人数据或服务交易的交易所等,以确保提供安全、可信的设

备和服务。由此,我们有可能创建一个基于单一软件和通信框架的方案来统一不同的物联网系统。

然而,如果这样一个完全实现万物互联的未来成为现实,它是会给今天的创新孵化产业带来做梦也想不到的佳音,还是会最终促成一个反乌托邦式的未来?(在这个反乌托邦的未来中,监视是常态,隐私是例外吗?)我们已经看到网络攻击会造成物理破坏,并且在一个日益互联的世界里,发生这种网络灾难的可能性将成倍增加,从智能门锁被黑客入侵从而使入侵者闯入室内,到汽车被勒索软件攻击等,各种情况都会发生。作为回应,正如布鲁斯·施奈尔指出的,我们需要更新规则,以及更新整个生态系统,来支持人们弥合技术和法律之间的鸿沟。但是,由于缺乏协调一致的治理机制,即使有训练有素的工作人员和特定部门的制度,机构之间互不相通的状态仍将持续存在。这就需要地方、国家和国际法律来实施基于生态系统的管理,比如 1980 年的《南极海洋生物资源养护公约》(Convention on the Conservation of Antarctic Marine Living Resources)。这种综合管理措施不仅关注特定部门和系统,而且关注这些部门和系统之间的相互联系,似乎能更好地匹配日益遍布全球的万物互联的数字生态系统的复杂性。包括夏洛特·赫斯

(Charlotte Hess)教授在内的学者,在 20 世纪 90 年代中期就预测到了这一结果,他们认为,网络空间是一个共享的公共资源库,应该作为一个集体管理的生态系统来对待。这一进程的核心参与者是企业,这是我们接下来要讨论的话题。

如果更多的企业开始将网络安全视为企业社会责任,这会有多大帮助?

2017 年,NotPetya 勒索软件的攻击凸显了全球企业联网办公程度之高,以及人们在网络攻击愈演愈烈之前,在更广泛的互联网生态系统中采取积极措施防御网络攻击是多么重要。在当前真正进入数字时代的时刻,NotPetya 勒索软件利用窃取自美国国家安全局的黑客工具入侵 Windows 系统,被《连线》杂志称为"史上极其破坏性的网络攻击",这一事件给不同行业的企业造成了超过 100 亿美元的损失,包括电力公司、银行和科技公司等。尤其受到重创的是联邦快递(约 4 亿美元)、制药公司默克(约 8.7 亿美元)和船运巨头马士基(Maersk)。据报道,马士基损失了约 3 亿美元,不得不紧急使用其他通信软件或电子表格以及便利贴进行业务沟通并承接订单。马士

基的一名员工在事后评论道:"我可以告诉你,虽然通过
WhatsApp(一款即时通信软件)预订 500 个集装箱是一种相
当奇怪的操作,但我们就是这么做的。"而后马士基花了两周时
间才开始重新发布系统。不过,NotPetya 勒索软件不仅给上
述企业造成了很大的麻烦,而且给这些企业成千上万的供应商
和数百万的客户造成了很大的麻烦。许多企业失去了电力和
其他重要服务,部分原因是这些企业没有进行必要的积极投
资,以更好地保障自己和员工的网络安全。

WannaCry 勒索软件也利用了同样的漏洞进行传播,并在
同年早些时候影响了遍布 150 个国家的 20 多万台计算机。
NotPetya 勒索软件事件紧随其后,揭示了私人拥有并运营的
企业信息系统相互关联的程度,以及我们对这些网络正常运行
的依赖程度。当像 Equifax 这样的企业或像英国国家医疗服
务体系这样的组织无法更新其操作系统和软件时,最终我们所
有人都要付出代价,并且正如我们所看到的那样,代价可能非
常高昂。然而,似乎很少有董事会明白这一点。根据一家提供
网络安全分析服务的企业 Bay Dynamics 所进行的研究,97%
的董事会成员表示他们知道如何处理网络安全专家提供给他
们的信息,但却只有 1/3 的网络安全专家认为董事会成员理解

了自己提供给他们的网络安全信息，这突出反映了不同人群在对网络安全的理解上存在重大偏差，以及企业内部存在沟通不畅的问题。通过一项被称为"漏洞公平裁决程序"（vulnerabilities equities process，VEP）的计划，美国政府正联合世界上部分国家公开讨论如何管理网络安全漏洞问题，包括应大致保留或披露多少网络安全漏洞等问题。不管是保留还是披露所有安全漏洞，都存在潜在风险。例如，公开披露所有漏洞会让用户和犯罪分子同时意识到存在没有打补丁的系统；同样，如果保留的漏洞过多，那么这些漏洞就会成为引诱犯罪分子作案的目标，比如美国国家安全局收集的这类漏洞"武器库"就曾被一个自称"影子经纪人"（shadow brokers）的黑客组织入侵。美国巴尔的摩市（Baltimore）正在与一系列长期存在的网络攻击作斗争，这些网络攻击都是由这一网络入侵事件引发的，这表明有必要找到一种更合理的披露网络安全漏洞的方式。

越来越多的企业将网络安全视为一种竞争优势，甚至是一种企业社会责任，而不仅仅是增加企业运营成本的负担。总的思路是，企业做出的决策，不仅要反映企业对所有者和股东、客户和员工等的责任,也要反映企业对整个社会、自然环境和网络空间等的责任。分析企业社会责任的方法有很多,以阿奇·卡罗尔(Archie Carroll)的方法为例,他提出了企业社会责任"金字塔"概念,依据金字塔层次结构将企业社会责任划分为四个层次:经济责任、法律责任、道德责任和慈善责任。然而,这种概念化企业社会责任的划分方法有其局限性。由于网络威胁可能会造成企业在经济、法律和道德层面的困境(道德层面的困境往往存在于积极防御网络攻击的环境中),我们很难将网络威胁纳入企业社会责任的分类中。此外,根据卡罗尔对道德责任的定义,我们目前尚不清楚如何平衡各种需求,比如严格保护客户敏感数据的需求,以及采取可能对隐私权产生负面影响的集中化的安全做法的需求等。

造成这种紧张局面的一部分原因在于人们对企业性质的不同理解,即企业是应被概念化为"一系列契约关系所构成的联合体",还是应被概念化为一个独特的、与自然人享有某些相同权利并承担某些相同义务的"法律实体"。这两种观点各有优缺点,但后者通常有助于从更广泛的角度看待企业及其社会义务,包括管理网络风险的义务等。

世界各地的政策制定者和管理者都注意到了从更广泛的视角来看待网络安全风险管理的趋势,美国国土安全部提到了企业应"共同承担责任",以保护企业自己和客户免受网络攻击。毕竟,仅仅指望终端用户来保护他们的电力设施或银行账户是不现实的;维护网络安全必然是一项公共事业或团队运动。一些企业正在接受这种理念。例如,葡萄牙电力集团EDP 就因其道琼斯可持续发展指数得分很高而自豪,与此同时,该公司也已采取措施,认识并主动管理其延伸供应链中普遍存在的网络风险。

如果更多的企业认真对待网络安全问题,互联网生态系统对每个人来说都会更加安全。这个概念很像给人们接种预防疾病的疫苗:如果有足够多的人接种疫苗,其他未接种疫苗的人也会受益,这一过程被称为"群体免疫"。在威慑黑客方面,当更多的企业认真对待网络安全问题时,目标漏洞的数量将会下降(这一理论被称为"拒止性威慑①"),从而使得黑客更难找到它们,甚至认为不再值得去寻找。在这种情况下,当网络攻击者来袭时,更多的企业已经做好防御准备。这并不是一个完

---

① 拒止性威慑(deterrence by denial),即加强自身防御,提高攻击者实施攻击的技术难度,降低其攻击成效的行为。——译者注

美的解决方案：如果网络攻击者有足够的时间和资源，任何系统都是可以找出漏洞的。但企业在这种观念上的转变，是发展全球网络安全文化的重要一步。

这种企业社会责任的演变，拓宽了风险管理的视野，这是有历史先例的。事实上，正如鲁文·阿维-约纳（Reuven Avi-Yonah）教授所指出的，企业治理可以追溯到罗马时代，当时企业被认为主要是"致力于促进公共利益的非营利组织"。直到现代，企业才演变成拥有共享管理结构的实体，乃至成为跨国

黑客

营利性企业,极大地推动了当今万物互联的发展。在美国,超过 2000 家企业,已经重新改制为共益企业,如 Etsy 和 Kickstarter,这些企业不仅关注利润,而且关注促进社会福利事业发展。这象征着管理者在完全营利和非营利企业之间寻求中间立场的倾向。如果有更多的物联网供应商效仿这一趋势,这可能有助于促使这些供应商考虑其时常松懈的网络安全投资和隐私政策带来的更广泛影响。

相关企业的客户也可以参与到这项工作中来,要求与他们有业务往来的企业提供更好的网络安全保障措施。这类企业可以包括在线零售商,无论是小型专业销售商还是亚马逊这样的巨头。本土实体店易于获得消费者信任并建立自身品牌,但在网络安全方面也容易受到消费者施加的压力的影响。到目前为止,我们还很难知道哪些企业在网络安全方面做得更好。但随着民间社会的努力,如第 5 章讨论的消费者报告发布的数字标准,以及各种信任标志和认证方案的实施,情况有望开始改变。关注网络安全的消费者还可以积极加入互联网协会等非营利性社会组织,向企业施加压力,要求它们在向监管机构和股东提交的报告中纳入网络安全措施。同样,政府机构也可以效仿美国环境保护署开展的能源之星(Energy Star)家庭和工业设施效率评级系统,从而制定类似的自愿性项目。

　　最终,企业将在塑造我们共享在线体验的未来生活方面发挥巨大作用。越来越多的企业对企业社会责任感兴趣,并认识到它们在履行企业社会责任方面迈出的一小步往往可以转化为它们在保障其客户、环境和数字生态系统等的安全方面前进的一大步。未解决的网络安全漏洞威胁着互联网生态系统的可持续性,而隔离网络的"围墙花园"(walled garden)的兴起威胁着万物互联的变革潜力的核心——互操作性。网络安全和数据隐私是这一难题的核心力量,甚至对于实现联合国可持续发展目标来说,它们也是不可或缺的因素。现在是消费者要求企业将网络安全和数据隐私视为企业在 21 世纪的社会责任的时候了,也许这是由一些曾引发绿色革命的相同工具来推动的。

可持续的网络安全:利用引发绿色革命的工具能否引领我们进入网络安全新时代?

　　20 世纪中后期,企业界和整个国际社会面临的环境形势都十分严峻。1969 年,工业废料导致美国克利夫兰的凯霍加河起火。莱茵河长期以来一直是欧洲污染最严重的水道之一,

1986 年也发生了类似的火灾。同一时期,日本也发生小学生死于汞中毒的事件。在这一时期,与干旱和荒漠化有关的问题已经在部分国家出现。纵观全球,关于环境保护的进程在 21 世纪初才开始加快。在环境保护领域做出开创性贡献的人物包括美国海洋生物学家蕾切尔·卡森(Rachel Carson),她在 1962 年出版的《寂静的春天》一书中记录了美国广泛使用杀虫剂的影响,并被认为是推动现代全球环境运动的重要人物。就像当时的环境保护领域一样,21 世纪的网络安全领域也充斥着在万物互联安全和隐私管理方面的失败尝试和意外后果。例如,禁用滴滴涕对保护环境很重要,但也可以说这可能是导致全球与疟疾相关的死亡人数激增的原因之一,就像美国颁布的《通信规范法》一样,该法也提供了保护措施,使谷歌和脸书这样的公司得以蓬勃发展,但即便如此,它也在某种程度上破坏了民主制度。目前,我们仍在等待网络安全的春天。

在寻找以更好的方式处理万物互联面临的多方面网络威胁事件时,我们不应忽视绿色运动,因为它也涉及复杂系统、互操作性和规模等类似问题。以拉斯维加斯的阿里亚(Aria)酒店为例,它不仅以老虎机闻名,还以湿毛巾闻名。该酒店所属集团——美高梅国际酒店集团(MGM Resorts International)

的首席可持续发展官辛迪·奥尔特加(Cindy Ortega)说："如果你想让我们每天给你洗毛巾,我们会洗的,只要告诉我们就行了,但如果没有告诉我们,我们就只是每晚把毛巾挂起来。"这类措施看似微不足道,但累积起来,便使阿里亚酒店成了践行可持续发展理念的先驱。它在此过程中节约了大量资源,并得以开发新业务。像 IBM 这样的大型跨国公司也制定了调查问卷,咨询阿里亚酒店有关废物回收及水的使用等方方面面的问题。如果阿里亚酒店没有选择在可持续发展方面进行投资,那么与竞争对手相比,它可能将处于劣势地位。

阿里亚酒店的例子对于促进可持续的网络安全具有启发性,原因至少有三个。第一,它表明,可以通过提高企业的社会责任感来促进企业的可持续发展,这并不一定与企业的底线相抵触;它可以成为企业的一个战略发展优势,使企业与众不同,并提高其所做工作的价值。加强网络安全的投资也是如此,无论是技术上的还是组织上的投资,都会使拥有一流网络安全服务的企业能够向其对网络安全服务要求越来越高的合作伙伴或客户收取服务费。第二,阿里亚酒店的例子说明了在投资回报率很低的情况下,投资可持续发展计划可以节省成本。这一战略优势并非酒店行业所独有;事实上,在可持续发展方面投资 2000 万美元后,英国石油公司最终节省了20 多亿美元。尽管很难量化企业从所避免的网络攻击中节省下来的资金,或者企业应将下一欧元投向哪里,但有证据证明,那些更积极主动地在网络安全方面投资的企业,在网络攻击事件中确实节省了不少开支。第三,阿里亚酒店的例子说明了,企业可以通过信息共享,利用供应链实现企业目标,甚至建立信任关系。在上述案例中,"IBM 鼓励美高梅重视网络安全。美高梅鼓励其供应商重视网络安全。这样一来,越来越多的企业感受到了维护网络安全的压力。"如果更多的企业利用供应链的力量,去表明企业有必要在网络安全最佳实践方面进行投资,而不是专注于"外围防御",那么可持续的网络安全事业就可以加速发展了。

随着私营部门更加重视可持续发展,旨在使管理人员更好地了解其商业决策带来的各种影响的工具也不断迭代。全球报告倡议组织(Global Reporting Initiative,GRI)提供的可持续发展报告框架是当今最流行的可持续性发展报告编写参考工具之一,尤其是在西欧和美国特别受欢迎。截至2019 年 5月,已有 13000 多个组织参考该框架提交了约 53000 份报告(自2014 年以来增长超过 300%),这使得该框架成了国际企业主要采用的可持续性发展报告编写标准。该框架本身的设计就是灵活的,以便对一系列跨行业运营的企业有所帮助。其中有几个章节的重点放在了企业概况和治理,企业运营对社会、经济和环境的影响,以及产品责任声明这几个问题上。尽管提交一份报告并不能强迫企业做出一个特定的商业经营决策,但倡导者认为,汇编和披露信息的行为会对企业的决策产生影响。

为网络安全的可持续发展建立更健全的信息披露制度的运动,反映了投资者要求提供更多有关网络攻击信息的呼声。事实上,有报道称,"几乎80%的(被调查的)投资公司可能不会考虑投资一家曾遭受过网络攻击的公司。"美国证券交易委员会(Securities and Exchange Commission, SEC)在2011年公布了关于信息披露要求的意见,尽管它没有要求上市公司披露它们所遭受的所有网络攻击,但它对现有法规进行了宽泛的解释,例如要求披露导致财务损失的"实质性"网络攻击。它还暗示,可能会出台更多的披露要求。事实上,在2018年,美国证券交易委员会发布了一份声明和指导意见,强调"上市公司及时向投资者通报相关网络安全风险和事件是至关重要的"。除此以外,这份声明和指导意见还提及,通过参考"事件的性质、范围和潜在规模",将"实质性"的门槛降低至"已知趋势和不确定性"。正如我们所看到的,在物联网环境下,这些信息可能是广泛和不可预测的,同时也会鼓励企业进行定制化披露而不是模式化披露。而且,美国证券交易委员会以实际行动支持了这一声明和指导意见:对一家未能披露重大数据泄露和网络攻击事件的企业处以 3500 万美元的罚款。因此,企业最好能将政府提出的要求视为底线要求,在这一要求之上进行管理,并将其对环境、经济和周围社区的影响与其网络安全足迹结合起来,进行综合报告。

除综合报告以外,其他的可持续发展工具也可能在增强网络安全方面有一些应用。除美国政府部门主导的能源之星外,私营领域的一些部门还可以制定相当于能源与环境设计先导(Leadership in Energy and Environmental Design, LEED)评价标准的数字安全标准,这将有助于识别那些具有一流网络安全服务的万物互联企业。该标准是一个"为绿色建筑提供第三方认证的自愿的、基于共识的、受市场驱动的标准"。它提供了一个灵活的框架,可以从多个维度对各种类型的项目进行排序,包括从建筑设计和施工到建筑维护和社区发展的所有内容。与环境方面常见的影响评估和风险管理框架类似,美国国家标准与技术研究院开发的网络安全和隐私框架,可以作为基础,为物联网设备提供与能源与环境设计先导评价标准类似的网络安全认证方案,包括美国银行和 IBM 在内的一些企业,已经要求它们的供应商以《关键基础设施网络安全改进框架》为指南来改进其网络安全态势。毕竟,就直接成本和间接成本而言,重大数据泄露事件对企业的负面影响与环境灾难对企业的负面影响相似,然而太多时候,网络安全仍然被视为信息技术层面的问题,而不是企业管理决策层面的问题。

蕾切尔·卡森的《寂静的春天》并不是在一夜之间写成的,人们花费了数年时间,才迎来第一个地球日,又经历了数十年的探索,才使得各种保护环境的工具和方法成熟起来,进而使得企业能够更有效地衡量和改善其长期可持续发展目标。不幸的是,我们还没有迎来网络安全的春天,但我们也不必花费几十年的时间去等待。现在是采取行动的时候了,我们可以采取的行动包括利用在其他行业领域行之有效的方法和工具(例如从绿色运动中学习),来为万物互联中网络安全的可持续发展铺平道路,我们将在第 7 章进一步探讨这一点。

直接做预测通常是一种有点鲁莽的行为,尤其是在一个像物联网这样不断发展、充满不确定性的领域,但历史可以成为有用的指南。毕竟,根据哈利法克斯侯爵乔治·萨维尔(George Savile)的说法,"先知拥有的最好资质就是良好的记忆力。"因此,在最后这一章我们呼吁拿出水晶球(不管它有多么不透明),来观察我们高度互联的世界可能走向何方,同时也要回过头来,看看我们如何通过使用普通网络安全保险等旧工具,以及区块链和机器学习等新技术来减少网络攻击的发生,以帮助确保一定程度的网络和平。最后,我们呼吁大家采取行动,尽我们最大的努力,推动一个完全实现万物互联的世界成为我们赖以生活甚至蓬勃发展的未来世界。

什么是"网络和平"? 它是如何应用于物联网的?

头条新闻经常证明,网络不安全的状况似乎是持续不断的,而且仿佛越来越严重。从万豪酒店数据泄露事件到勒索软件,再到极端组织针对以色列进行的网络攻击等事件表明,人们在治理网络攻击方面似乎做得并不是特别出色。不过,这些消息并不全是坏消息。有报道称,美国发布国家网络安全教育倡议等举措改善了网络安全状况,也使得基于行为进行的威胁分析发展得更加稳健。越来越多的董事会似乎也在认真履行它们对网络安全的监管职责,而在第 5 章中讨论的《通用数据保护条例》等综合性法规,正迫使更多的企业在全球范围内重新审视它们在数据治理方面的做法。然而,网络安全人才方面的危机仍在持续,物联网遭遇的威胁依然严峻,例如,利用漏洞发动网络攻击的行为变得越来越普遍。那么,在这样一个充满不确定性和快速发展的物联网生态系统中,实现网络和平还有希望吗？

正如有人所说,迄今为止,人们在界定"网络和平"方面所做的努力很有限。国际电信联盟就是这样一个例子,该联盟将网络和平这一术语描述为建立在"健康的安宁状态"基础之上的"网络空间的普遍秩序",此处健康的安宁状态是指"没有混乱、骚乱和暴力"。尽管这样的结果肯定是可取的,但至少在短期内,从技术上实现这样的结果是不太可能的。网络和平(有时也被称为"数字和平")不能仅仅被理解为"没有网络暴力",这是约翰·加尔通(Johan Galtung)教授在 1969 年描述他帮助创建网络和平这一研究领域的出发点。因此,网络和平在这里并不是指网络上没有冲突,没有冲突这种状态可能被称为消极的网络和平。相反,通过第 5 章所述的多中心治理,我们可以共同努力,通过为积极的网络和平奠定基础来降低网络冲突发生的风险,这种积极的网络和平尊重人权、推广互联网接入以及网络安全最佳实践、有助于促进网络稳定发展,并通过促进多利益攸关方的合作来完善治理机制。

毫无疑问,所有这一切,说起来容易做起来难,因此,促进网络和平需要解决本书中讨论的一系列棘手的治理挑战,包括激励制造商加强其联网设备抵御网络攻击的能力,界定企业社会责任、可持续发展以及国际准则(如与尽职调查相关的准则)等概念,并将它们付诸实施等。为了应对这一挑战,我们需要采取上述所有办法。这项工作需要遵循包括辅助原则在内的多中心原则,辅助原则即"中央机构应具有辅助职能,仅执行那些无法在更直接层面或地方层面有效执行的任务"。

以 2018 年《网络空间信任与安全巴黎倡议》为例,这是一份广泛的原则声明,旨在帮助引导国际社会实现更高程度的网络稳定发展,并期望有朝一日实现网络和平。这一倡议受到部分批评,因为有人认为它掩盖了人们对网络主权的持续担忧,正如法国总统埃马纽埃尔·马克龙(Emmanuel Macron)在一次讲话中所说的那样,"巨大的平台不仅可以成为门户,还可以成为看门人。"然而,这一倡议有助于推动人们围绕网络和平的范围和意义展开对话。例如,它专注于改善"网络卫生""数字产品和服务的安全性",以及"互联网的完整性",所有这些都是增强物联网安全性不可或缺的组成部分。这一倡议只是私营部门采取的促进网络安全的众多举措之一。

换言之,在这个框架下,我们的目标不应是到达某个预定的终点线,而应是推动网络和平进程,朝着更强大和更可持续的万物互联的数字生态系统迈进。我们需要做的努力将包括建立"阻止网络空间中的敌对或恶意活动"的系统,并以此促进线上和线下的稳定发展、人权和国际安全。为了实现"开放、具有互操作性、可靠和安全"的万物互联的愿景,我们有必要利用民间社会和学术界的力量,并制定适当的法规政策。参与这项工作的组织纷繁复杂,其中包括美国在线信任联盟、ICT4Peace组织和奥斯特罗姆研讨会的网络和平工作组等。甚至有越来越多的人支持诸如网络和平队的运动,这些运动是在美国和平队和美国服务队等成功项目的基础上建立起来的。用马丁·路德·金博士的话来说:"道德宇宙的弧线虽长,但它终会弯向正义。"

让我们大胆想象一下 2050 年物联网的状态，那么目前的趋势揭示了什么？

　　曾有估计表示，到 2000 年代末，联网设备的发展将达到有史以来的第一个里程碑，即联网设备的总数会超过地球上的人口总数。不过，正如前文所讨论的那样，人们对智能设备总数的估计各不相同。但结合这些数据，智能设备与人口的数量比

联网设备

值大约从 2003 年的 0.08 上升到 2015 年的 3.47,再上升到 2020 年的 6.58,到 2020 年,消费者在智能设备上花费达到约 3 万亿美元。如果按照这种趋势继续发展下去,到 2050 年可能会呈现 400:1 的比例。

同样,尽管迄今为止大多数物联网安装基地都在北美、欧洲和中国,但这些技术的地理分布也可能进一步扩散到私营和公共部门。智能的、超高速的网络将推动安装有智能路灯和人行道的真正智能城市的到来,这会改变我们的生活、工作甚至表达爱的方式。我们已经在许多国家看到了这一长期发展趋势的开端,例如阿联酋的"2021 智能迪拜愿景"和新加坡的"智能国家"倡议。当然,我们也看到了这一发展趋势的倒退,例如围绕多伦多码头区项目的隐私担忧等。全自动驾驶汽车将有助于推动物联网的发展;麦肯锡估计,到 2050 年,全自动驾驶汽车将成为消费者和工业部门的主要交通工具,这将使得驾驶效率和安全性得以提高,同时会推动保险等相关行业的巨大变化。

换言之,2050 年的网络空间将与 2000 年 LG 公司宣布推出全球首款互联网冰箱时所设想的网络空间大不相同。那时,我们可能会被无处不在的传感器、屏幕和其他各种设备所包

围,这些设备与我们互动、预测我们的想法,并回应我们。这样
的未来是否会是一个奥威尔式的反乌托邦社会? 那时,脸书
"数字黑帮"的祖先会比我们最亲密的朋友和家人更了解我们
吗? 对于此,我们目前还不确定。我们已经看到,尽管美国等
其他司法管辖区的回应速度较慢,但包括欧盟成员国和澳大利
亚在内的多个司法管辖区都在努力遏制那些严重滥用社交媒
体的行为。我们还需要做更多的工作,让企业对辜负消费者信
任的行为负责,并防止虚假信息的传播。有报道称,这种虚假
信息的传播曾在从缅甸到斯里兰卡的不同社区引发了内乱和
暴力。如果不对包括谷歌在内的科技公司的权力加以限制,它
们只会在没有约束的情况下不断成长壮大,特别是在美国,因
为美国长期以来针对特定行业的隐私和安全标准相对宽松。
鉴于此,美国需要进行的改革可能包括扩大美国联邦贸易委员
会的权力,对未能在网络安全方面投入足够资金的企业进行调
查并处以罚款等。

这些趋势的基础是三个相关领域的发展,它们将极大地影
响到 2050 年及以后的万物互联:边缘计算[即在网络边缘(如
物联网设备)附近就近处理在此生成的数据的做法]、网状网
(为每个物联网设备提供一个本地网络,以了解和连接这一设

备周围的世界),以及植入计算和脑机接口。现在,互联网上的大部分计算能力处于闲置状态。你的智能语音助手有能力做更多的事。那么,我们可以想象一个未来场景,消费者将不再需要高性能的计算机,因为他们所有的物联网设备将能够彼此分担工作负载。但这只是未来学家对边缘计算的一个预测。边缘计算实际上指的是物联网设备自己完成大部分计算工作,然后将最有用的数据传送到云端进行分析和存储。以自动驾驶汽车为例,它每秒可以生成 6 GB 的数据。在驾驶过程中,

数据云存储

它需要在纳秒内做出决定。因此,它可能没有时间将数据发送到云端做出决策、接收决策和执行操作。它可能需要在本地快速地完成所有这些工作,否则身处自动驾驶汽车内的人的生命安全就会受到威胁。在自动驾驶汽车的环境中,边缘计算将实时生成、分析和处理数据,然后将最重要的数据发送回云端进行分析。同样的模型可以映射到从制造业到农业的任何产业体系。

网状网的工作原理与边缘计算类似,简而言之,在网状网中,每个设备都与其他设备,而不是一个中心路由器相连。这意味着这些网络是可以自我修复的;如果网络中的一个节点发生故障,流量就会无缝连接,重新路由。网状网通常也比传统的轴辐式网络更便宜、覆盖范围更小且使用寿命更长。对于网状网和边缘计算之间的交互作用,未来学家的一个预测是为用户提供"无限的"带宽,以及存储和计算能力。在网状网中,网格上的流量可以沿着任何可用的路由传输到目的地,因此可以消除集中式互联网服务供应商数据线的带宽限制。边缘计算使得计算工作可以外包给用户在网络上有权访问的任何空闲设备,且数据可以存储在任何有多余容量的地方。网状网和边缘计算是科幻未来主义者为流行角色扮演游戏《隐蚀期》

(*Eclipse Phase*)设定的核心理念之一。

　　与物联网技术发展息息相关的第三个领域是植入计算和脑机接口。一些公司已经在为志愿者植入芯片,这些芯片可以帮助他们进行间接访问、打开门锁、登录计算机或购买自动售货机中的物品等操作。2018 年,研究人员已经能够使用脑机接口芯片控制现成的平板电脑。普通用户已能够使用脑电波来验证自己的身份,而有的身体瘫痪的用户也已经能够操纵应用程序。由于使用了传感器和边缘计算,一个简单的脑电图读数就足以让用户直接用大脑发出的信号来控制轮椅。

　　展望未来,你的脑电波可以用来解锁你的设备,或者直接控制它们,这有可能会导致一种具身认知的形式,这种形式与《星际迷航》中被称为"博格人"(Borg)的半机械人种族有一些相似之处,半机械人种族拥有着共同的集体意识。就像边缘计算和网状网帮助我们利用闲置的处理能力一样,也许有一天我们可以利用大脑中闲置的集体认知盈余。你不必费心向你的智能语音助手发出指令,只是在头脑中想着你今天需要洗衣液,你就能完成这件事情(当然是通过无人机或运输机运送的)。这显然会给人们带来明显的好处,但抵制这样的未来当然不是徒劳的。接下来,我们将研究区块链等一系列技术,这些技术旨在帮助人们在物联网中建立信任感和安全感。

科技能把我们从超级互联的命运中拯救出来吗?

科技是一把双刃剑。正如一些万物互联创新有望极大地改造我们生活的世界一样,这些创新也在改变着我们自己,包括我们的学习方式(通用的基于预测的按需教育理念)、饮食方式(农民使用物联网技术,帮助监测和跟踪他们的作物,从而转向在试管内培育粮食作物,并减少碳足迹)等,其他创新也可能挑战我们最基本的价值观,甚至导致我们丧失隐私权。然而,总的来说,我们还是有理由抱有希望的。自动传感器和机器学习应用程序(例如边缘计算中使用的应用程序),可以帮助企业更好地管理网络风险(不过,在对抗机器学习中,攻击者可以通过向机器学习系统提供错误信息来破坏机器学习系统)。特别是,这些技术允许:(1)大量威胁性情报相互关联;(2)在网络边缘实时部署对抗措施,以应对不断蔓延的网络攻击——想象一下,如果 Equifax 的系统能够注意到异常的数据泄露,追溯到未打补丁的 Apache Struts [美国阿帕奇(Apache)基金会的一个开源项目]组件中的漏洞,并在无须操作员干预的情况下实

时修复该漏洞,那么事件造成的影响可能就不会如此恶劣;
(3)提升对现有入侵行为的识别能力(据估计,人们平均需要超
过200天的时间才能识别出网络入侵行为)。这样的自动化系
统可以让防御者更易于对堆积如山的审计日志进行回溯,或者
对将来做出预测并搜索当前的可疑行为。

与此相关的是,人工智能可以通过检测恶意软件来更主动
地管理网络威胁,尽管它也可能引发网络军备竞赛。人工智能
可以在网络安全风险管理和实时客户保护方面为我们提供帮
助,特别是可以通过进行基础分析的自动化系统来实现。国际
数据公司预测,未来人工智能将支持"所有有效的"物联网工
作,而如果没有了人工智能,来自物联网设备的数据将只有"有
限的价值"。人工智能的应用非常广泛,包括利用人工智能"检
测银行ATM机(自动取款机)的欺诈行为,根据驾驶模式预测
汽车保险费,识别工厂工人潜在的危险性压力状况,以及监控
执法部门的监控数据(以主动识别可能的犯罪现场),等等"。
而且,由于未来许多物联网设备可能缺乏个性化的安全协议,
人工智能可以在整个网络范围内使用,以识别和消除我们在智
能家居和城市中遇到的威胁。

现在区块链潜在的变革力量也得到了更好的认可。从根

本上讲，区块链是一个共享的、可信的、分布式的账本，每个用户都可以检查这个账本，但单个用户无法控制这个账本。特定区块链系统中的参与者协同工作，以保持对账本的更新（只能按照严格的规则和协商一致的意见进行修改）。从提高企业效率到记录财产契约，再到促进"智能"合同的发展，区块链技术目前正受到众多组织的关注，并吸引了数十亿的风险投资。而且它越来越多地被部署在物联网环境中，例如，2016年，一架俄罗斯无人机便被以太坊区块链控制。通过摆脱集中式运营商，区块链应用程序不仅具有加快数据收集、处理和存储速度的潜力，而且还具有提高安全性的潜力，使少数运营商的漏洞不再可能导致灾难性的系统故障。通过不依赖第三方来监督交易，区块链也将允许不同公司生产的设备之间进行安全通信，但仍然需要注意的是，没有一个系统是绝对可靠的，区块链也可能被黑客攻击。虽然如此，这项技术仍有足够的前景，IBM和三星等公司已在区块链驱动的物联网平台上展开合作，这一平台可能是众多物联网平台中的第一个。

企业、政府和国际社会还应该做些什么来保护物联网？

　　一个由数以亿计的设备、人类和各种规模的组织组成的相互联通的全球网络,几乎是无法想象的,更不用说对它进行治理了。然而,从个人到全球,物联网领域普遍存在的潜在不安全因素已经在许多方面显现出来了。例如,一些给人们提供便利的智能设备,可能会被少数家庭施虐者用作骚扰、监视和控制受害者的工具。正如网络安全专家布鲁斯·施奈尔所言,这个问题变得越来越紧迫,因为"随着物联网和网络物理系统的普及,我们赋予了互联网'手'和'脚',即互联网直接影响物理世界的能力。过去对数据和信息的攻击,现在变成了对人类、机器和建筑物的攻击"。

作为回应,我们现在就需要采取一系列的多中心行动。正如美国联邦贸易委员会委员丽贝卡·凯利·斯劳特(Rebecca Kelly Slaughter)所说：

> 在当前物联网时代,我们正处于保护隐私权和安全保障权的关键时刻。在物联网设备数量呈指数级增长的悬崖边缘,我们既有机会采取深思熟虑的措施来开发重视网络安全保障的产品,又有机会尽早指导消费者如何评估设备存在的潜在风险,如何选择重视隐私保护和安全保障的品牌,以及如何在设备的使用寿命期限内通过安装补丁来维护设备的安全性等。

现在,我再怎么强调做好这件事的重要性都不为过。

为响应这一行动呼吁,一系列国际规范建设工作正在开展,以帮助强化万物互联。其中包括公私合作(如《关键基础设施网络安全改进框架》和隐私框架)、民间社会的努力(如第5章讨论的消费者报告发布的数字标准)、国家政府层面的努力(如英国提议的物联网标识系统),以及欧盟计划(如进入欧洲经济区内销售的产品上加贴的"CE"认证标志)等。由于篇幅限制,我们无法对每种应对方法的优缺点进行透彻的探讨,但简而言之,纯粹自愿的方法和过度监管的方法都有明显的缺点。一个僵硬的、全面的制度实际上有可能会使得小型组织发展受限,从而扼杀了创新。在不同的利益相关方之间进行协调很困难,单靠相关方自主的努力也很可能不足以应对这些集体行动挑战。国家、社会和个人层面的网络安全支出都应该增加。这就是为什么埃莉诺·奥斯特罗姆教授在某种程度上认为,多中心监管是"解决跨界问题的最佳方法……因为这些问题的复杂性使得许多小型的、针对特定问题的组织,能够作为解决集体行动问题的网络的一部分自主地开展工作。这是对'全球化思考,本地化行动'这句格言的应用"。毋庸讳言,我们所需要的是综合运用上述所有方法来促进万物互联中的网络和平。

通过帮助开拓和推广标准和规范,甚至组建能够明确"解释用户安全责任"的评级和标识系统,像规范倡导者一样行事的企业可以在改善万物互联的安全性方面发挥重要作用。美国国会各派系青睐的网络风险缓解策略(如网络风险保险),可以帮助企业在数据泄露的情况下限制风险敞口,但如果没有一个从一开始就践行最佳实践的积极主动的战略,这些风险缓解策略可能就无法增强整体网络安全。我们还必须克服其他相关问题,例如"战争除外条款",因为受保护实体遭受的损害在网络战争中被归类为"附带损害",这可能会导致这些实体无法得到赔偿,从而限制它们恢复正常运行。此外,我们必须使用强大的信息共享机制来分析投资的类型和范围,以实现技术、预算和组织的最佳实践。我们还需要做更多的工作来弄清责任结构,并在这一过程中明确责任和问责的界限,包括互联网服务供应商作为"位于我们的家庭和互联网的其他部分之间"的把关人所应承担的责任。最重要的是,科技企业应该实行预防性原则,即"当潜在的危害很大时,在没有安全保证的情况下,我们宁愿选择不部署新技术"。

在国家层面上,各国政府可以采取更多措施促进万物互联中网络安全尽职调查的开展,例如设立网络和平队、国家网络安全委员会,甚至设立网络空间国际刑事法庭等。美国各州已经开始参与这场行动。除了加利福尼亚州,俄亥俄州也在通过为企业提供一个避风港的方法,来激励那些在网络安全最佳实践和框架方面进行投资的企业。美国很多州都通过了对抗DDoS攻击的法律,另有几个州则重点关注与勒索软件相关的紧迫问题,仅2016年勒索软件变种就增加了5倍。其他州正集中精力消除物联网设备的安全隐患,并加强事件响应计划的建立与实施。类似地,超过25个国家正在仿效《关键基础设施网络安全改进框架》,试验各种自下而上的网络安全风险管理方法。美国联邦政府在解决集体行动和本书中所讨论的搭便车问题方面,也发挥着不可估量的作用。例如,它可以创建基线标准,以结果为导向的规则、规范和组织机构来加以应对。法院也可以帮助促进网络安全尽职调查,包括追究企业高管对在其监管下发生的数据泄露事件的责任。当然,这一切都不是很简单的事,而且一不小心就可能处理不当;正如施奈尔指出的,"如果计算机和梯子一样,受到产品责任法的约束,那么计算机如今可能还没有出现在市场上。"但考虑到这些利害关系,各国政府可以而且有必要在物联网治理方面做更多的重要工作。

在全球范围内,七国集团在 2016 年继续开展网络安全工作,并发表了其观点,即"任何国家都不应实施或明知故犯地支持利用信息通信技术窃取知识产权"的行为,所有的七国集团成员都应致力于"维护互联网的全球性",包括信息的自由流动,以支持网络空间是"全球网络公共空间"这一概念。诸如"两国集团"(美国和中国)的组织、小型俱乐部(包括"五眼联盟"和北约)以及最终的国际社会,也必须在这一多中心努力中积极主动地开展网络安全尽职调查以及促进网络和平的实现。部分原因是人们认为网络风险正呈现"失控升级"态势,因此我们有机会就规范构建问题进行建设性的国际对话。其中一个想法是借鉴 2015 年通过的《巴黎协定》的模式,即单个国家和俱乐部可以在年度缔约方大会上宣布"网络和平承诺",以帮助推动就物联网治理达成全球协议,其中包括澄清现有的国际法如何适用于物联网领域等方面。所有这一切都可能为最终达成一项关于网络和平的联合国框架公约奠定基础(尽管目前这似乎仍然是一个幻想)。不过,即便这一目标达成,它也不会是终点,而仅仅是另一个里程碑,这也说明成功地治理万物互联需要我们所有人的共同努力。

我们能做什么?

我们需要掌握主动权,提出更高的要求,做一个负责任的网民。

20 世纪 70 年代,人们普遍担心食品安全问题。英国科学家艾伯特·霍华德(Albert Howard)爵士提出了一个主张,即我们应该将养分送回土壤以帮助启动有机运动。然而,正如我们现在所看到的物联网认证计划一样,第一个面向消费者的有机食品项目是分散的,这个项目主要是由美国各州负责的事务。美国国会花费了将近 20 年的时间,直到 1990 年才通过了《有机食品生产法案》(Organic Foods Production Act,OFPA),并最终制定了美国国家有机食品标准。关于有机食品生产和处理的最终规定直到 2002 年才颁布。总之,为了给有机食品贴上适当标签,美国花费了将近 1/4 个世纪的时间,而与汽车安全相比,这一速度也不算慢。《大众科学》(Popular Science)杂志于 1950 年发表了一篇提高汽车安全性的报告,这是最早的推动汽车安全的热门报告之一。但是,在碰撞试验结果公布之前,又历经了将近 20 年的时间,消费者才了解到汽车的各种安全性能。直到 1984 年,美国才通过了第一部强制使用安全带的法律。

正如这些例子所证明的那样,我们消费者不应该只是等待政府来治理物联网,以引导我们通往安全可靠的物联网的道路。毕竟,相比只是依靠政府监管与治理,面对遍布众多产品类别、行业、部门和国家并构成了当前这一新兴数字全球生态系统的数十亿台设备,消费者依靠自身的力量才是相对简单的。消费者应该积极参与像消费者报告这样的民间团体,并争

有机食品

取获得维修其物联网设备的权利。消费者还应该关注学术中心(如公民实验室以及它们的安全规划工具)、行业组织和ICT4Peace等各类组织。简而言之,消费者可以用自己辛苦赚来的钱向物联网设备制造商提出更高的要求。消费者还可以更改默认密码,停止使用未充分尊重其隐私权的"免费"服务,也可以向美国联邦贸易委员会等监管机构提交意见,鼓励制定更严格的网络安全法规,并为那些承诺认真对待消费者隐私的候选人投票。尽管互联网每天传送的电子邮件中有大约一半是垃圾邮件,但其中99.9%的垃圾邮件被阻止了,因此我们仍有可能取得进展。而且越来越多的证据表明,网络安全这个词正在被更多人知道和了解。例如,根据2019年麦肯锡的一份报告,网络安全现在是受调查者在选择物联网产品时最关心的问题之一。

此外,我们还需要做更多的工作来解决网络安全人才严重短缺的问题,截至本书英文稿撰写之时,估计未来几年在网络安全领域将有多达600万个空缺职位。然而,尽管网络安全可能是当今最热门的职业机会之一,但令人惊讶的是,很少有学生选择将网络安全作为他们本科或研究生学习的重点。例如,2013年雷神(Raytheon)公司赞助了一项对18岁至26岁的成人进行的调查,结果显示,只有 24％的人表示对网络安全职业感兴趣。尽管这一职业的人才需求强劲,但事实上,据一些人估计,网络安全人才短缺的情况与护理人才短缺的情况是不相上下的,甚至更严重。美国劳工统计局(Bureau of Labor Statistics)同样将网络安全职业列为首要职业。此外,面向网络安全领域的奖学金和相关项目的数量正在迅速增长(例如美国国家科学基金会"CyberCorps:服务奖学金"计划),而且网络安全相关职位的薪水很高(平均年薪可能接近 9 万美元)。

那么,为什么学生对这一职业没什么兴趣呢？ 一部分原因似乎是,许多学生仍然把网络安全视为主要是技术领域的问题,他们可能并不热衷于管理信息系统(例如,错误地将该领域等同于修复打印机)。但这种观点是过时的、不准确的。事实上,让学生对网络安全的核心技术技能(如基本编码)有所了解是很有用的,但这并不足以让公共和私营部门在吸引更多网络安全人才方面取得成功。许多网络安全专业人员从事的工作与阻止僵尸网络攻击或帮助人们从勒索软件的攻击中恢复正常生活无关;相反,他们在网络风险保险、尽职调查、公民权利和企业社会责任等领域从事安全、隐私保护和风险管理的交叉工作。有些人甚至是公司管理层的一员,就职于一系列新兴职业岗位,如首席隐私官、首席信息官、首席信息安全官,甚至首席信息治理官等。

为了提高学生对这一职业的兴趣,我们需要让来自不同背景的学生参与网络安全教育并获得就业机会。为了解决这个问题,我们需要认识到,无论是保护人们免受身份盗窃、保护知识产权,还是确保万物互联的安全,网络安全都很重要。然后,我们需要给在这一领域进行探索的学生提供研究所需的工具和资金,让他们加入战斗。维护网络安全是一项使命,对国家安全和私营部门都越来越重要。多学科的学分制和非学分制课程应与一线实践和服务学习机会结合在一起,以便为更多的学生提供磨炼他们技能的机会,并在这一过程中帮助资源不足的利益相关者,如地方政府、小型企业和学校等。基本的网络卫生知识最好是在 K12① 中教授,就像如今在欧洲部分地区开展的一样,为所有年龄段的人提供持续的培训和资金充足的公共教育项目,包括网络安全宣传月(在美国是每年的 10 月,目前似乎很少有人知晓这一信息)。

---

① K12 是 kindergarten through twelfth grade 的简写,学前教育至高中教育的简称,现在普遍被用来指基础教育,用于美国、加拿大等国家。——译者注

继续我们在第 6 章中将网络安全与绿色革命进行的类比,对消费者而言,养成可持续发展的习惯是件好事。安全可靠的物联网设备是 21 世纪的有机食品。通过采取行动,我们可以帮助促进网络和平,并在这个过程中帮助我们自己,比如,在美国,这可以降低消费者成为美国每年 1300 多万网络欺诈或身份盗窃受害者之一的可能性。因此,为了实现这个目标,我们应该使用强密码和独特的密码,甚至使用像 LastPass 或 Keychain 这样的密码管理器来帮助跟踪它们。我们还要确保更改智能设备上的默认密码,并经常对其进行修补;保持我们的防病毒软件、反间谍软件、防火墙和其他软件处于最新状态;谨慎使用或者最好不要使用闪存驱动器;对我们在社交媒体上分享的信息保持警惕;加密敏感信息;谨慎对待广告电子邮件,尤其是那些包含附件或链接的电子邮件;在不使用 VPN 或 DuckDuckGo 之类的私人浏览器的情况下,尽可能避开公共 Wi-Fi 热点;定期检查我们的信用报告,看其中是否有欺诈行为(我们甚至可以考虑冻结信用卡,直到我们需要它为止)。

通过采取这些措施,我们可以避免像 WannaCry 和 NotPetya 这样的勒索病毒软件再次发动攻击。总之,这些都是促进网络和平所需的多中心伙伴关系的重要组成部分。

1984年,科幻作家威廉·吉布森在他的小说《神经漫游者》(*Neuromancer*)中创造了"网络空间"一词,他在小说中描述了"数十亿人每天经历的一种交感幻觉"。人们只要看看一边在街上行走,一边盯着他们的智能手机的行人(通常戴着耳机),就知道吉布森说的是什么意思。这种幻觉不会很快结束;事实上,正如我们所说,"虚拟"世界和"现实"世界之间很可能并不存在清晰的界限,甚至未来"网络空间"这个词也可能像今天的"信息高速公路"一样会过时。不管我们怎么称呼它,不管它看起来有多"真实",它都将是我们的世界。让我们使它成为一个更好的世界吧。

结论

正如我们谁也无法将自己与自然世界隔离开来一样,在21世纪,我们将越来越多地(有意或无意地)融入物联网之中。要在这个高度互联的未来实现可持续的网络安全和隐私保护保障,我们需要新的方法、标准和制度。正如施奈尔所指出的,"互联网不再是我们所连接的网络。相反,我们生活在一个计算机化、网络化和互联的世界里。这就是我们的未来,我们称之为物联网。"随着物联网的日趋成熟,不同的商业网络和政府网络将能够相互通信,创造出智能(并且可能更灵活)的物品、家庭、工厂、城市和社会。这样一个最终的宏观结果与我们在前文讨论的早期网络相呼应,当时思科公司使用多协议路由连接不同的网络。这最终导致一种被称为互联网协议的通用网络标准被广泛采用,现在我们每次上网都依赖这个标准。

物联网标准可能将受各种区块链、人工智能和机器学习应用程序驱动,尽管物联网规模更大,跨越众多部门和行业,物联网的发展也将遵循类似的路线。作为回应,我们应调整和改进多中心治理模式,以便更好地跟上这些变化的步伐,特别是在监测私营公司和公共部门组织传输个人身份信息的数据条例方面更应如此。这体现在许多方面,包括使用框架和标准、公司治理结构(如可持续性)和国际准则(如尽职调查)等。上述所有多中心治理方法对于解决物联网发展中出现的各种新问题至关重要。

当前,没有技术或政策上的灵丹妙药来管理物联网。为了解决本书中提出的问题,我们需要在上千个治理级别上采取上千个大大小小的行动。但这远远不应被视为不作为的借口。当前,我们所需要的就是要有行动的意愿,要愿意尝试新的治理模式,并且我们应该学会从历史中汲取经验教训。正如美国前总统富兰克林·D.罗斯福的一句名言:"如果我没有理解错的话,国家也要求进行大胆的、坚持不懈的试验。采取一种方法并进行试验是人们共有的常识:如果试验失败了,就坦率地承认并试行另一种方法。但最重要的是进行试验。"现在正是我们进行试验的时候,我们应该尝试建立网络和平队和国家网络安全委员会、提供物联网信任标志和认证方案、考虑像法国现有的做法那样将产品责任扩展到物联网、利用信息披露法并通过研发税收抵免和公司治理改革等方式,激励物联网设备制造商认真对待数据隐私保护和网络安全问题等。

这些想法中,许多想法可能确实会失败,但有些可能不会。人类是物联网的核心,但人类却容易犯错。这就是问题所在。然而,正如蕾切尔·卡森在《寂静的春天》的前言中提到的,一个曾经如田园诗般美丽的美国小镇,现在被一种"白色颗粒粉末"所摧残。这不是"巫术"造成的……而是人们自作自受的结果。可持续发展的理念同样也适用于网络安全;我们犯下的错误应受责备,但我们也是解决所有问题的关键所在。

注释相关说明

  本书原版注释一共 87 页,秉承环保理念,本书纸质版将不附加注释,而是为您提供注释的电子资源。如需要,请扫描下方二维码获取电子资源。